The History, Politics, and Mythology behind
the World's Most Pungent Food —with over 75 Recipes

大蒜之书

探索你熟知却不真正了解的大蒜

[美] 罗宾·彻丽◎著
徐志军◎译

華夏出版社
HUAXIA PUBLISHING HOUSE

前言

大蒜是物产中的拜伦勋爵，是好色的捣蛋鬼，用魔法来诱惑你，然后在破晓之前悄悄溜走，给你留下满口的臭味。然而，富有魔力的大蒜本身却是无须授粉便从蒜瓣中无性繁殖出来的。大蒜无所不能，从乡村的万能灵药和俄罗斯青霉素到美国大蒜和意大利香料，这个含有硫化物的球体甚至渗透了人类的历史，既受到人们的热爱和崇拜，也受到人们的诽谤与鄙视。法国国王亨利四世用大蒜洗礼，并且用大蒜保存尸体。人们相信大蒜可以治愈一切，从秃顶和坏血病到癌症和瘟疫，无所不包。大蒜还是为数不多的被用于世界三大古老治疗体系的药品之一，这三大体系就是印度的阿育吠陀医学、中国医学和欧洲传统医学。

全世界的人都依赖大蒜的保护功能，据说，大蒜可以抵御吸血鬼和其他邪灵，可以保护婴儿和伯利兹出租汽车司机，可以给士兵和赛马骑师带来好运，按瑞典农民的说法，还可以保护奶牛不受巨怪的侵害。

令人遗憾的是，大蒜也被用于对不同种族和宗教团体的歧视，特别是在犹太人、意大利人和朝鲜人中间。多少个世纪以来，“大蒜食用

者”一词一直被用来贬损和毁谤他人。如今，随着每年高达十万人参加吉尔罗伊大蒜节，很难再把“大蒜食用者”看成是对人的一种侮辱。热爱大蒜已经成为一种骄傲。你或许从来没有参加过胡萝卜节，但从加利福尼亚的吉尔罗伊、纽约的哈德森河谷到英国的怀特岛，再到日本的田子町，大蒜节却遍布全世界。其他食品拥有的是粉丝，大蒜拥有的是热爱者。

像很多在20世纪60年代和70年代长大的人一样，是朱丽亚·恰尔德引导我认识了大蒜。或者更确切地说，是朱丽亚·恰尔德引导我妈妈认识了大蒜。每当公共电视台周三晚上播放《法国厨师》节目的时候，她便会退回自己的卧室，让爸爸照看我和姐姐。她关上房门，像一个如饥似渴的学生一样，在一本800页厚的名叫《掌握法国厨艺》的新书的空白处潦草地做着笔记。我现在还保存着那本破旧的书，上面有妈妈仔细核对后标出的我们喜爱的饭菜食谱，包括恰尔德用30瓣大蒜所做的传奇般的土豆泥。妈妈按照食谱烹饪的时候，身穿蓝白条纹的围裙，上面有一个红色的口袋，口袋上写着：“感谢你，朱丽亚·恰尔德！”我对此深表赞同。

恰尔德不厌其烦地想让读者和观众相信，他们不应该再把大蒜当作“可疑的外国货，可能具有危险性，肯定属于很低的阶层的东西”而加以回避。她在马萨诸塞州剑桥市温馨舒适的厨房里开始了一场厨艺革命，把大蒜从古老陈旧的种族和城市社会的桎梏中拯救出来，并在全国范围内把它推广到郊区的厨房。

妈妈在青少年时代，被禁止进入她妈妈的厨房，因此她在第一次为爸爸做意大利面的时候，竟然忘了加水。为了不让我们遭遇同样的命运，她欣然让姐姐和我进入厨房。我对用大蒜烹饪饭菜最早的记忆就是

前言

把一瓣大蒜切开，然后在牛后腿肉排上摩擦，再把牛排浸泡在酱油里面（在今天看来，使用如此少量的大蒜似乎是荒谬可笑的，但革命不会在一夜之间发生）。

似乎是为了弥补失去的时光，妈妈不断收集、整理了成百上千本烹饪书籍，使我们的早餐室充满了詹姆斯·贝亚德、克雷格·克莱波恩、保拉·佩克和马赛拉·豪赞（世称意大利的朱丽亚·恰尔德）的厨艺灵感，还有全部27卷时代生活出版社出版的经典（已经绝版）的《世界美食系列》（还附有用螺旋丝装订的食谱小册子）。《世界美食系列》由备受尊重的纽约烹饪教师迈克尔·菲尔德编辑，它把我从俄亥俄州克利夫兰闭塞的生活引向了遥远的国度和厨房。我喜欢浏览妈妈收集的食谱，并为家人进行尝试（我每小时挣50美分，烹饪使我得到了一辆新自行车）。我从意大利青酱面这样简单的饭菜开始，逐渐过渡到烹饪菲尔德《五重奏美食》中那些更加珍奇的菜肴，比如罗马尼亚蒜酱鱼汤。

虽然大蒜一直是我烹饪菜肴食材中的一部分，但是在2004年的某一天，当我发现来自俄罗斯的辛辣的大蒜“乔治亚火焰”的时候，大蒜在我心目中地位发生了变化。

当时，我在克利夫兰看望家人。我父亲是20世纪四五十年代的“产物”，总是喜欢为与他一起生活的女人做饭。我在上大学的时候，有了更多的时间参加聚会和学做更多的菜肴，而不再只是局限于做勃艮第牛肉丁和炖鸡，于是，他给我订阅了《美食家与好胃口》。父母离婚后，我送给爸爸一本克雷格·克莱伯恩的《厨艺入门》，只是为了让他在重新成为光棍汉以后不会饥肠辘辘。他把这本书放置在书架上，却又娶了一个厨师。

爸爸的妻子海伦熟识克利夫兰农贸市场所有的农夫，因此，与她一起逛市场充满了无限的乐趣。虽然那次去北方联盟农贸市场的时候天气迷蒙阴暗，但是那里展示的多姿多彩的农产品却令人耳目一新，有成熟的鲜美的蓝莓和红莓，还有胡椒、芝麻菜和鲜嫩的四季豆，等等。市场上只允许农产品的生产者进行售卖，这意味着你总是可以直接从农夫手里购买农产品。摊位沿着高速交通（译者注：一条路的名字）的两边排开，通勤的铁路线把克利夫兰郊区与市中心连接到一起。

我去拜访了一些老相识，比如基尔伯克河谷蘑菇有限公司的汤姆·维安特，他拥有麻省理工学院的学位，却没去做工程师，而是选择做一名培育蘑菇的农民。我还拜访了蛇山农场的塞弗里·罗瑞墨，为他取名的人是有先见之明的，他出售令人叹为观止的农产品和农场自产的新鲜蛋类。然而，就在那特殊的一天，我还注意到一位以前从未见过的人，这是个身材瘦高、留着胡须的农夫，他身穿方格衬衣，头戴棒球帽，看上去就像个乡巴佬。现在我知道了那是路特斯通有机农场的比尔·彭内尔。彭内尔站在一张摆满了纸袋的桌子后面，每个纸袋里放着一头大蒜，纸袋上面用粗粗的记号笔标记着大蒜的名称和味道特征。这些大蒜比超市的大蒜个头小，50美分一头。除了“乔治亚火焰”（辛辣，风味浓郁）之外，还有“俄国红”（味道强烈，非常辛辣）、“缪斯”（有麝香气味，柔和）和“罗马尼亚红”（味道强烈持久）。

多年以来，我一直是个顽固的亲斯拉夫派（我父亲的先辈是20世纪初从摩尔多瓦移民过来的，但他对此漠不关心。我的钟情或许是对此的一种补偿）。上大学的时候，我的专业是俄国历史，俄国也是我最喜欢去的地方之一。而且，我疯狂地热爱辛辣食物。对辛辣食物的执着追求让我走遍了世界，从加利福尼亚的吉尔罗伊到韩国的首尔。

因为海伦并不是一个自我节制的人，所以每个大蒜品种我们都买了好几袋。回家后，我把每个品种的一头大蒜切成了片。切片的时候，首先引起我注意的就是蒜汁。品质优良的新鲜大蒜确实是充满汁液的，与充斥于超市过道的从中国进口的廉价大蒜毫无相同之处。

我爱上了“乔治亚火焰”。它口味辛辣，但其辛辣程度并没有遮掩那美妙的蒜味。“俄国红”也很辛辣，但却有着奇异的甜甜的余味。“缪斯”像广告中宣传的那样，有麝香气味，味道有点强烈。“罗马尼亚红”辛辣，但没有烧灼感。因为大蒜经烹饪后蒜味会减轻，所以辛辣大蒜的最佳食用方式是生食。我决定改进我的酱汁做法，制作乔治亚火焰酱汁。我切了两磅番茄、两个新鲜的墨西哥辣椒和一些香菜，还使用了少量的青橙汁和两茶匙新鲜蒜泥。效果极佳，两种辛辣成分使得番茄和香菜的口感更加清爽。

罗宾酱汁

2磅番茄，切成小块

2个新鲜墨西哥辣椒，去籽

2茶匙新鲜蒜泥

1/4 杯香菜，切碎

1/4 个酸橙汁

盐，调味用

在食品加工机中混合番茄、墨西哥辣椒和大蒜，制成粗糙的菜泥，然后倒入菜盘，再放入香菜和青橙汁。根据口味加盐。

我开始陶醉于（甚至是沉溺于）各种各样的令人兴奋的大蒜菜肴。突然之间，大蒜从一种一刀切的大路货变成了由味道、颜色、形状和大小组成的万花筒。我开始对各种口味的大蒜感到好奇并为之着迷。我发现，有些种类的大蒜是在19世纪末和20世纪初被波兰、德国和意大利移民带来的，但大部分种类都是在1989年突然间进入美国的。

20世纪下半叶，为了收集大蒜，美国农业部一直在要求苏联政府同意开放高加索地区和古老的丝绸之路。但是，因为冷战仍在持续，而且在这个地区有苏联导弹基地，所以苏联方面一直没有同意。到了1989年，随着苏联的逐步解体，俄罗斯人邀请了一个美国农业部的代表团进入该地区，使他们得以收集不同品种的大蒜。令人遗憾的是，美国农业部并没有足够的时间与地方农民制定种植和收获大蒜的规划。

2009年，我参加了在爱荷华州迪克拉举行的种子收集交流年会，从而了解到更多的关于大蒜收集的事情。年会是令人神往的中西部的盛事，吸引着世代相传的种子的保存者和爱好者。人们在干草捆上吃饭，把德国产的超级耐寒的大蒜品种说成是“可爱的耐寒货”。对我来说，最重要的是遇到了约翰 · 斯文森，他参加了1989年的大蒜收集活动。

约翰 · 斯文森是退休的芝加哥律师、大蒜迷，对大蒜一往情深。他还是我们应该感谢的把普斯科姆、基塔布和撒马尔罕等大蒜品种引进美国的人。在乌兹别克斯坦、吉尔吉斯斯坦和塔吉克斯坦，斯文森和其他团队成员沿着干枯的河床和峡谷徒步旅行，露地扎营，到处找寻市场，一路收集大蒜。他们只被允许在夜间乘坐飞机，多少有点相信阴谋论的斯文森认为，苏联政府可能怀疑他们是在为中央情报局秘密工作。

我参加了一个由乔尔 · 吉拉尔丹主讲的大蒜种植讲座，他是个留着浓密胡须的农民，被认为是明尼苏达大蒜种植的开创者。吉拉尔丹和斯文森是老朋友，他们在全国进行以大蒜为主题的巡回讲座。有一次，当被问到他们与大蒜的关系为什么如此密切的时候，他们异口同声地回答："因为我们是吃货！"吉拉尔丹曾说，如果你想卖出某个品种的大蒜，就在旁边注明"此大蒜为制作酱汁佳品"，是什么品种大蒜其实并不重要。吉拉尔丹当时放声大笑着宣布："所有大蒜都是制作酱汁的佳品！"

在过去的几年，随着对大蒜悠久的却悲惨可怜的历史不断深入地研究，大蒜对我来说成了《天方夜谭》中的薛拉莎，引导我进入由先知、国王、诗人和窃贼构成的童话世界。我很难再说出另外一种像大蒜这样受到两极分化的评价的东西。人们对大蒜或者热爱，或者仇视，但无人在二者之间摇摆，这就是大蒜的现实。

没有边界的蒜头

在过去的二十年里，内奥·茨马达集体农庄令人惊异地在以色列尘沙弥漫、棕褐色的内盖夫沙漠营造出了一片绿洲。在游览农庄的时候，我向我的导游、农庄菜园的看护者科比提到我正在研究大蒜。他立刻跳上他的卡车，拽出来两头刚刚收获的巨大的玫瑰色大蒜。"你喜欢这些吗？""啊！天哪！我太喜欢了！"它们实在太吸引人了。

从特拉维夫起飞，经过令人筋疲力尽的飞行，在肯尼迪机场着陆的时候，我心中的愿望就是躲过机场传奇般的比格猎犬队的检查。几十年来，美国海关边境保护局一直在训练比格猎犬搜查食品、植物和动物。比格猎犬被列为联邦调查局探员，因为它们有着敏锐的嗅觉，而且长相伶俐可爱，不会吓到旅客。因此，当携带违禁品的旅客不由自主地靠近这身穿鲜绿色马甲的迷人的小狗，还没有明白是怎么回事时，就已经被“包打听”搜查过了。

还没见面，我便听到猎犬黑利的声音。我迅速转身，它就在不到一米的地方，正对着我。我极力掩饰内心的紧张，但我的心脏剧烈跳动，额头上汗珠滚滚。我紧张地看着旋转式输送带。为了不引起注意，我穿过同机乘客，缓缓地走向输送带的另一边。谢天谢地，这是斯拉维夫航班第一次满员。黑利和它的调教师跟在后面，停下来检查其他旅客，但我知道，它马上就会来检查我。我迅速地把手上的袋子放到传送带上，输送带刚把袋子传走，黑利就到了我的身边。我拿起手提箱，然后到传送带的另一边去拿装有违禁品的袋子。当海关官员扫描我的表格让我走人的时候，我顿时满脸笑意。胜利和大蒜是属于我的。

目录

第一部分　大蒜的传说

第二部分　大蒜食谱

第一部分

大蒜的传说

第一章　长生不老丹：大蒜与健康

普罗旺斯烹调术是以大蒜为基础的。普罗旺斯的空气中充满了大蒜的芳香，使人们的呼吸非常健康。

——亚历山大·杜马斯（1802—1870）《烹饪大词典》

历史上，大蒜对健康的益处受到极力渲染，人们确信，大蒜可以防治传染病、溶解脂肪、消灭寄生虫、降低胆固醇、增强免疫系统、预防癌症、治疗支气管炎、控制血压、治疗肾虚阳痿、治愈鲜菌病、增加力量、驱除蚊虫，是促进消化、改善血液循环、增进呼吸系统健康、提高生殖能力的万能良药。

曾经领导美国国家癌症研究所的赫伯特·皮尔森博士对民间疗法和饮食的文化习俗进行了研究，“为数千年以来某些食物对流行病的治疗功能提供了证据”。他发现，大蒜是最常被提到的食物之一，这使他得出结论：“数千年来，大蒜一直被用于预防和治疗疾病，这肯定是有一定道理的。”伦敦大学研究葱属植物的罗纳德·卡特勒博士赞同这一说法，但他还承认，“关于大蒜，我们还有太多不了解的东西”。[1]

虽然如此，在全世界范围内正在进行着无数有趣的研究，总体上讲，大蒜的前途是光明的，它具有促进人体健康的功能，在我们生病的时候，大蒜可以使病情得到改善。本节所要考察的是历史上和当代文化中大蒜所展现出的功能和潜力。

古典文学与医学中的大蒜

据我们所知，大蒜的医疗性能在世界上最古老的医学文献中就被提及过，即在纸莎草纸上书写的古埃及《埃伯斯氏古医籍》之中。1872年，德国古文物学家乔治·埃伯斯从一个古文物商手中买到这份古籍。这份保存完好的书稿也是幸存下来的最完整的古埃及医学文献。尽管《埃伯斯氏古医籍》成书于公元前1552年，但人们认为本书中所记录的文献，更早可能要追溯到公元前3400年。这是一个20米长的精美的卷轴，由僧侣用简化文字（一种草书体的象形文字）书写。书中提到用大蒜治疗二十二种不同的疾病，包括肿瘤、心脏病、头疼、皮肤病、寄生虫病，以及全身不适等。

《嘉士伯纸莎草纸书合集》是在古埃及城市泰布突尼斯的寺院图书馆中发现的一本杂集，里面记载了一个对女性不孕的诊断测试，涉及大蒜，并证明了古埃及医学与古希腊医学之间的联系。之前不孕的女性被建议将一瓣干净去皮的大蒜塞入阴道放置一夜，如果第二天早晨她的

---

[1] 英国皇家化学学会出版的杂志《化学世界》2009年10月刊。
http://www.rsc.org/chemistryworld/issues/2009/october/thespiceoflife.asp

口中呼出了大蒜的气味，就说明她是能生孩子的，这是公元前1200年的记录。差不多在九百年之后，即公元前300年，古希腊医师希波克拉底也指出了同样的方法。其医理是：如果输卵管被塞住了蒜味就不能到口腔中了。但是，蒜味也可能会被皮肤吸收，所以这样的判断也可能是错误的。

大蒜还以能够增进耐力而闻名。以色列奴隶在为法老们修建防御工事时食用大蒜以保持气力。在圣经旧约中，记载着以色列人在出埃及（公元前1440年—公元前1400年）之后大蒜短缺的事实，在沙漠中流浪的以色列人悲哀地记得："在埃及，我们曾经可以很方便地吃到鱼，还有南瓜、甜瓜、韭葱、洋葱和大蒜。"

在《以斯拉记》（完成于犹太人成为巴比伦之囚后回归耶路撒冷的公元前400年）中，先知规定了一项特定的仪式，要求犹太人在星期五晚上（安息日前夜）吃大蒜，因为大蒜可以激发性欲和增进繁殖能力，这样便可以加强婚姻关系（也就是性关系）。犹太人在庆祝安息日时，鼓励情侣们享受性爱。在《塔尔穆》（100～400年）中也出现了大蒜食用者的称呼，在希伯来文学作品中充满了对大蒜的赞美："它可以充饥，可以温暖身体，可以让人容光焕发，可以增加精液，可以消灭肠道寄生虫。"犹太人实际上是最早自称为大蒜食用者的，是带着褒义的。但是反犹太主义者是作为侮辱性词汇使用。将大蒜食用者作为侮辱性词汇使用在犹太人身上可以追溯到古罗马，拉丁词语"蒜臭"用在针对下层人身上。罗马皇帝马卡斯·奥里欧斯在从巴勒斯坦回罗马的时候，轻蔑地说犹太人是"浑身恶臭的大蒜食用者"。

《塔尔穆》中的智者提出过这样的忠告：为了不使生命受到危害，绝对不能吃过夜的剥皮大蒜。据说，蒜瓣上存在着某种"邪恶"（但只有在剥了蒜皮过夜之后才会有危害）。这种说辞是否有什么科学依据并不清楚。

像那些以色列奴隶一样，早期的奥林匹克运动员也是把大蒜作为自然赐予的能够提高运动成绩的首选食物。大蒜还是看护受伤运动员的医师们常备的天然药品之一。大蒜和蘑菇、块菌、死鸟灰，还有海豚肝脏制成的软膏一起占据着极为重要的地位。[1]

神话中的治疗作用

在希腊神话中，智慧的半人半马的怪物凯龙把药草的知识传授给了阿波罗神之子阿斯克勒庇俄斯。他技艺精熟，其医术甚至可以起死回生，这使冥府之神哈德斯非常不满，便向宙斯抱怨。宙斯对阿斯克勒庇俄斯扰乱自然秩序的行为也颇为不悦，因此，在阿斯克勒庇俄斯正在写长生不老的配方时用雷电霹死了他，并降下一场大雨毁灭了手稿。手稿被埋入地下，当太阳升起的时候，在手稿埋地之处长出一棵植物，这棵植物就是大蒜，因此有人说：大蒜是令人长生不老的配方中的成分之一。阿斯克勒庇俄斯的几个孩子也追随父亲研究医学，其中包括他的女儿许革亚（健康女神，保健学一词从她而来）和帕纳西亚（万能疗法女神，灵丹妙药一词从她而来，意指“治愈一切”）。

在古希腊，现代医学之父希波克拉底和现代药理学之父迪奥斯科里德斯都对大蒜的治疗性能给予赞誉。创立了第一个旨在治疗病因而不仅仅是病症的医学流派的希波克拉底有一句名言：“让食物成为你的药

[1] 托尼·佩罗蒂提著《天体奥运：古代竞技的真实故事》第176页。兰登书屋2004年。

品，药品应该是你的食物。”他用大蒜治疗多种病症，包括肺结核病、肿瘤，还把大蒜用于擦洗当中。在重要的草药著作《药物志》中，迪奥斯科里德斯主张用大蒜清理动脉。这一主张具有绝对创新，因为当时人们认为动脉是输送体内的气体，而静脉是输送血液的。通过提出食用大蒜有可能改善心血管健康，迪奥斯科里德斯预示了一直延续至今的研究方向。他还提出食用大蒜可以缓和胃肠道功能障碍，预防关节病和癫痫发作，对疯狗和毒蛇的咬伤处进行消炎，还可以医治哮喘，淡化黑眼圈，防脱发，祛除胎记和除虱子。《药物志》写于公元1年，里面记录的药理在欧洲一直被广泛应用到17世纪。

随着古罗马取代古希腊成为世界上的头号强国，古希腊的医学传统也传播到了古罗马。虽然迪奥斯科里德斯是希腊人，但他是那个时代最重要的医师，他被任命为尼禄皇帝军队的首席医师。尼禄一直热衷于古希腊文化，他还是个狂热的大蒜迷，甚至人们还相信是他发明了蒜泥蛋黄酱。

老普利尼是迪奥斯科里德斯的同时代人，是罗马伟大的博物学家，著有百科全书式的《博物志》。在这本书中，他用整整一章的篇幅介绍大蒜，提出食用大蒜可以治疗六十一种不同的疾病，还可以防毒和防感染，治疗肺结核病。他还提到埃及人在诅咒发誓的时候把大蒜作为一个神，还把大蒜作为一种壮阳剂将大蒜和芫荽捣碎搅入酒中。念及于此，罗马人在他们臭名昭著的狂欢仪式中应该备有大蒜环，以便在需要的时候为狂欢者提提神。除了用于治疗人类疾病之外，普利尼还写道：“据说，如果用大蒜瓣摩擦牲畜的生殖器，它们会小便起来更为顺畅。”很难猜想是什么人、在什么情况下发现了这一点。

50年之后，罗马医师、哲学家盖伦宣称食用大蒜是当时最普遍的民间疗法，他在非常多的疾病的治疗配方中都使用了大蒜，甚至把大蒜命名为万灵药，意指大蒜是穷人的灵丹妙药。盖伦是角斗士的医师，他将浸透了蒜汁的纱布绷在角斗士伤口处。他自称他治疗过的角斗士从来没有死的。这种说法并不可靠，但是他享有盛誉，他被任命为马卡斯·奥里欧斯皇帝及其两个继承者的私人医生。

大蒜的传播之路

传统中医的演化与古埃及医学的发展同步。传统中医对大蒜的认知可以追溯到公元前2600年，当时的一位皇帝认识到了大蒜神奇的解毒性能。如今像神一样被尊崇的黄帝是中国医学之父，相传中国传统医学经典《黄帝内经》为他所著。

相传，黄帝与下属在出游途中，误食了莸芋果树的叶子，导致所有人中毒。黄帝看到附近生长着一些野生大蒜，便敦促下属和自己一起吃下大蒜，结果，所有人都痊愈了。这件事促使他开始种植大蒜。（这是一次意外的收获。如今，因为生产成本低，国内需求量大，中国已经成为世界上最大的大蒜生产国。）在中医治疗中对大蒜的应用极多，主要用于帮助呼吸和消化，治疗腹泻和寄生虫感染，抗忧郁、抗疲劳，缓和头痛和防止失眠等。

大蒜的“暖性”被认为可以提高感染区域的温度，创造一个不利于有害细菌存活的环境。这种暖性还被认为可以抑制和消解淤积的肿块，中医就是这样解释癌症的。体内的淤积常常是由体寒引起的，因此，中医认为，通过用大蒜温暖身体，可以达到解瘀和产生能量（气）流动的目的。像其他历史悠久的国家一样，中医也在处方中加入大蒜来解决男人的“隐私问题”。在中医最早的药典《神农本草经》中，和尚和斋戒的人禁止食用大蒜。

中国人把大蒜带到了邻邦朝鲜，毫不夸张地说，大蒜进入朝鲜的时候引起了一场轰动。如今，朝鲜是世界上人均食用大蒜最多的国家，因为酷爱蒜味泡菜，朝鲜人每年人均消费22磅大蒜，这是一个惊人的数字。（与此相比，美国人每年人均消费2.5磅大蒜，就显得微不足道了。）

在朝鲜，大蒜和艾蒿是最早被记录下来的药草。在檀君神话中，国家的创立被归功于20头大蒜和一个熊女。据说，上帝派他的儿子到人间，创建了一个太平王国，并做了王国的国王。有一天，一头熊和一只老虎看到人类幸福文明的生活，遂请求国王把它们变成人。国王于是给了它们20头大蒜和一束苦艾，并告诉它们躲进山洞祈祷。他说：“吃下大蒜和苦艾，然后在100天之内不见阳光，你们就可以变成人类。”老虎缺乏耐性放弃了，于是继续回到做野兽的日子，但熊通过祈祷变成了一个女人。过了一段时间，她请求上帝给她一个自己的孩子。被她的祈愿所感动，国王暂时变成一个男人，与她成婚，并生下一个儿子，就是檀君。檀君继承王位，成为朝鲜的开国之父。这样，朝鲜诞生了，大蒜和艾蒿成为这个国家最早记录下来的药草。

朝鲜人把大蒜介绍到了日本，在几百年的时间里，大蒜没有进入厨房，却融入日本的汉方医学之中。汉方医学以传统中医为基础，非常强调草药的研究和应用。汉方医学被收入日本的医疗保健体系之中，是日本医学院的授课内容。人们认为大蒜具有强大的功用，因此在日本被认定是一种药材。

在中国的天山以南，大蒜在传入中国的同时也传入印度。在印度，

大蒜在治疗上的重要性要追溯到三大古代医学传统（悉达、阿育吠陀、尤那尼）。在这三大古代医学中，大蒜被大量使用。悉达可以追溯到公元前六七世纪，是世界上最古老的医疗体系之一，比之稍晚的是具有两千年历史的阿育吠陀（译为“生命的科学”）。二者都把大蒜作为维持心脏健康和净化血液的药材。

大蒜在最古老的阿育吠陀医学论文中占据着显要的地位，这是用梵文书写在桦树皮上的文集，世称《包尔文书》，是英国情报军官包尔文于1890年买到的。包尔文从丝绸之路上的一个贸易城镇库车的一位当地居民手中买到书稿。（书稿如今保存在牛津大学博德利图书馆。）

书稿的第一篇论文成文于公元6世纪前半叶，讲述了大蒜在印度的神话起源。神话中说，当大神毗湿奴给小神分配甘露的时候，两个分别叫罗日侯和计都的恶魔并排坐着接受甘露。毗湿奴误把甘露倒入了他们的口中。但他马上觉知这是两个恶魔，于是还没等甘露通过他们的咽喉，他就砍下了他们的头。甘露落地，在甘露溅落的地方迅速萌生出大蒜和洋葱。因此，印度人把大蒜和洋葱看成是一种甘露，但并不是大神毗湿奴的甘露，因为它接触到了恶魔的嘴。大蒜和洋葱在治病方面仍然起着甘露的作用，吃了大蒜的人的身体会像恶魔一样强壮，但他们的理智也会屈从于恶魔。

在《包尔文书》中，大蒜被称作“万能药”，可以治疗传染病、感染、寄生虫病，抗虚弱、疲倦，以及治疗各种各样的消化功能障碍。书稿中还包括蒜汁、蒜泥、炸蒜、蒜和肉、蒜和大麦球的做法。另外还有别出心裁的“奶牛提纯大蒜法”，即“在奶牛三天三夜几乎不吃草的情况下，喂给它由两份草料和一份蒜茎合成的饲料。然后，婆罗门就可以享用牛奶、凝乳、奶油，甚至酪乳，这样可以在不失规矩的情况下赶走各种疾病”。《包尔文书》中还有对一次大蒜节的描述，在大蒜节期间，当地房屋的屋顶上、门口通道和上层窗户上悬挂着大蒜做成的花环，居民们身上披挂着大蒜花圈、头戴大蒜花冠在庭院里对大蒜进行膜拜。

用梵文写成的阿育吠陀医学中最著名的著作《遮罗迦本集》也提到了大蒜，该著作成书于公元前2世纪至公元2世纪之间。传统印度医学之父遮罗迦说，大蒜可以利尿、强心、助消化，还可以治疗心脏病、眼疾和关节炎。他对大蒜的功效坚信不疑，曾经写道：“倘若不是气味难闻，大蒜会比金子还有价值。”在阿育吠陀医学中还提倡用大蒜预防和治疗霍乱、腹痛、痢疾、动脉硬化、肺结核和伤寒。

但是，考虑到大蒜的催情作用，印度僧侣、寡妇和青春期男女是被禁止食用大蒜的，这是为了确保他们不会有性冲动。在《梵网经》中有一条戒律，禁止任何佛家弟子食用五辛——大蒜、韭菜、葱、洋葱和阿魏，将其加入菜中做调味料都不可以。耆那教徒不吃大蒜是因为他们把大蒜看作一种引发愤怒和冲动的食物，而且在他们非暴力主义哲学的实践中，他们认为食用大蒜的很多单独的蒜瓣，有可能会毁灭更多生命的灵魂。耆那教根本不允许食用大蒜，而婆罗门则只允许把大蒜用于医疗用途。

印度的第三个医学传统是尤那尼，指的是在过去的13个世纪之中，古希腊医疗体系在穆斯林世界的演化。这一传统通过卓越的阿拉伯医生阿维森纳而得以推动，是他发展了希波克拉底和盖伦的学说。在尤那尼医学中，大蒜包治百病，从治疗瘫痪和腹痛到溃疡和健忘。除了叫“罗先”之外，大蒜还有一个梵语名字“曼罕沙得哈”，意思是“灵丹妙药”。

延缓衰老和死亡的最佳方法

公元476年，罗马帝国崩溃，标志着古代的结束和黑暗时代的开始。从5世纪到10世纪，欧洲被笼罩在黑暗的阴影之中。在欧洲的大部分地区都处于黑暗时期的时候，从8世纪到12世纪，在伊斯兰文化中却诞生了一个灿烂的黄金时代。在这个时期，安达鲁西亚、中东和北非的穆斯林研究并改进古希腊人的成就，在医学、科学和烹饪术方面取得了显著的进步。

医学进步的原因之一是，在公元610年创立了伊斯兰宗教的先知穆罕穆德告诉他的追随者们说："安拉每降下一种疾病，必为之提供疗法。"这句话鼓励了早期的穆斯林学者去寻求植物和其他天然作物用于医学疗法。穆罕穆德还断定一种植物的外表为其医疗用途提供了线索。在《先知的医学》中，他推荐使用由多个蒜瓣（像昆虫的多条腿一样）组成的植物大蒜作为治疗蝎子蜇伤和蜜蜂叮伤的膏药。他说："虽然洋葱和大蒜的气味难闻，但是它们可以治愈70种不同的疾病，这是任何其他方式所不能代替的。"与此同时，在中世纪的欧洲，基督教的僧侣们也保存着药用植物的知识。他们反复抄写古希腊、罗马和阿拉伯医学文献。迪奥斯科里德斯的《药物志》仍然是重要的参考文献，大蒜的医疗性能仍然受到重视。与以前那些在自己的机构禁止使用大蒜的宗教领袖不同，这个时代的僧侣们是园艺家和治疗者，他们在寺院的花园种植大蒜。这个时代最重要的医典之一甚至是一本名为《灵魂的花园》的祈祷书，书中同样强调了花园植物的实用价值。在该书的前言中写道："在一个小花园中常常能够生长出多种多样的有益健康的具有医疗价值的药草。"大蒜在治疗麻风病人的药方中出现。因此，麻风患者开始被称为

"剥大蒜的人"，因为他们必须自己给蒜头剥皮。"剥大蒜的人"成为一个通用术语，指那些看上去可怜兮兮的人，后来又用于指秃头的人。起初，人们认为是梅毒导致头发脱落，秃头是和梅毒联系在一起的，因此，秃头的人受到蔑视。头发脱落和性病之间的关联被否定之后，秃头就开始指头顶像剥皮后的蒜头一样光滑的人。

萨莱诺的本笃会修道院诊疗所发展成医学院，成为10至13世纪最重要的医学中心。自罗马皇帝统治开始，萨莱诺就是著名的疗养胜地。该医学院的卓越之处在于融合了古希腊罗马人和阿拉伯人以及犹太人的医学传统。在此期间，用拉丁文写成的诗歌用简单易懂的方式向人们传播医学知识，受到大众的欢迎，现在仍然是医学文献的重要来源。其中最著名的一首医学诗歌创作于12世纪的萨莱诺，题为"来自萨莱诺的养生之道"。诗歌中，大蒜的功效受到称颂，虽然带着一点儿讽刺挖苦的味道：

> 大蒜有起死回生之效，
>
> 要包容其难闻的味道。
>
> 不要像某些人蔑视大蒜，
>
> 认为它只能使人眨眼、口渴、口臭。

在中世纪的德国，大蒜在四种体液的概念和类形同效论中有所援引。古代四种体液的概念（抑郁质、胆汁质、黏液质、多血质）被用于解释人的体质。这四种概念可以追溯到希波克拉底和盖伦的时代。12世纪后半叶，德国卓越的医生和神秘主义者，宾根的圣·希尔德加德，是其主要的支持者之一。圣·希尔德加德在其医学著作中给予大蒜以显著的地位，并得出结论说，大蒜必须生吃，烹熟的大蒜会失去其效力，这可能是因为生蒜更加辛辣。她说，一位天使告诉她，把大蒜和牛膝草合用可以治疗哮喘，与万灵药草合用可以治疗咯血，与薰衣草花和聚合草叶合用可以治疗肺结核。因为不会写字，圣·希尔德加德把她的洞见口授给一位修士。

如先知穆罕默德先前所说，另一个古代信仰是上帝为了利益人类而在人间种植植物。对上帝与人类的关系有着神秘洞见的德国鞋匠雅各·伯麦将其命名为类形同效论。他在17世纪的著作《万物的署名》中写到，水果和蔬菜为它们的医疗性能提供了线索。比如，核桃的形状与大脑相似，所以有益于大脑健康；叶子形似肝脏，所以有益于肝脏，等等。大蒜除了可以治疗昆虫叮咬之外，其他类形同效论的阐释者还认为，蒜头貌似阴茎，暗示了它的催情作用，蒜茎看上去像气管，所以可以用来治疗呼吸道疾病。

文艺复兴加强了人们对草药疗法和植物医疗性能的兴趣。意大利的主要大学都建立了药材园，种植具有药用价值的植物，大蒜被列为纯药材之一，指不需要任何添加剂就可以提供医疗价值。首先，意大利的比萨大学、帕度亚大学、佛罗伦萨大学和博洛尼亚大学建立了药材园，之后传遍了欧洲。

在英格兰，这种复兴的对植物疗法的兴趣与印刷术的发明和从新"发现的"美洲引进的新植物融合在一起，导致药草和烹饪方面的书籍出版量增加。在此期间，我们还看到在英格兰把大蒜作为食物和把大蒜作为药材的两极分化。在约翰·杰拉德和约翰·帕金森所著的两本英国最重要的关于草药的著作中，充分表明了这种分裂。约翰·帕金森是詹姆斯一世的药剂师，后来又成为查理一世的皇家植物学家。

在长达1480页、配有大量插图的大部头著作《药草·植物通史》

中，杰拉德宣称大蒜“不能为人体提供任何营养成分”，但是，在治疗很多疾病的配方中却包含了大蒜，比如治疗咽喉痛、咳嗽、感冒、中毒、寄生虫和有毒动物的叮咬等。帕金森的药草著作名为《天堂或一座栽种各种鲜花的花园》（1629年），他在书中附和了盖伦的说法，称大蒜为“穷人的灵药，可以治愈百病”。在谈到把大蒜作为食物的时候，他写道：“除了最穷的人之外，在我们这个苛刻的时代形形色色的人都拒绝大蒜。”（书名的第一个词“天堂”来自古伊朗语，意思是“花园”，书名具有双关的含义：儿子的人间、天堂的花园。）

强力驱虫剂

多亏了大蒜，才使西班牙移民比英国移民、荷兰移民和法国移民更适合在新世界生存下来。为了抵御炎热，旧世界来的移民身穿多层亚麻制成的衣服与厚重的羊毛大衣。在出汗的时候，亚麻可以吸收身体的水分，羊毛大衣可以起到绝缘的作用，这就是早期美国人的吸湿排汗服装。羊毛大衣也可以保持水分，起到天然空调的作用。比出汗更糟糕的是，欧洲移民都不常洗澡。所有人的身体都发出难闻的气味，但只有西班牙人大量吃蒜，他们身上散发出的蒜味赶走了传播疾病的蚊子。

几个英国作家参照古人和僧侣的做法，并根据自己的观察理解配制了新的药草配方。比如，在《简单的艺术》中，威廉·科尔斯先附和古希腊人的认识，“吃过大蒜的公鸡具有最顽强的战斗力，马匹也是如此”。但紧接着他就加入自己的观点：在鼹鼠出没的花园种植大蒜会使讨厌的鼠类“很快就从地里跳出来”。（实际上，鼹鼠和地鼠都讨厌大蒜的硫化物气味，大蒜确实可以迫使它们另置巢穴。）

弗兰西斯 · 培根是有影响的哲学家、政治家和科学家。在1623年所著的《生命与死亡的历史》中，他提出大蒜（和鸦片）的医疗用途。他宣称："要延缓衰老和死亡，就要做到使精神凝聚，还有保持身体的温热状态。凝聚精神的方法是吸食鸦片、呼吸冷空气、享受大地的清新气味，保持温热的方法是吃大蒜。"

人们食用具有抗菌和抗病毒性能的大蒜来防止瘟疫。17世纪的一位作家甚至说："大蒜是我们的医生。"医生们在给病人看病的时候口袋里装着大蒜，为死者挖墓的人要喝掺有生蒜末的酒。法国神父在吃了很多大蒜之后去访问信众可以平安无事，而厌恶大蒜的英国牧师则常常被疾病传染。大蒜还被用于抚慰病人。医生在做完肿瘤手术后，会用大蒜、洋葱和奶油制成的药膏涂抹伤口。

大蒜还是"四个盗贼的醋"中的主要成分，可以防止瘟疫。之所以叫这个名字，是因为在1726年马赛大瘟疫流行期间，四个盗贼因掠夺死尸被捕。他们在作案时，戴着用大蒜、醋和药草浸泡过的口罩，保证他们不被瘟疫传染。如今，那些时运不佳的人使用"四个盗贼的醋"来保佑他们不生病，免受精神打击，远离讨厌的人。为了赶走讨厌的人，办法是在这个人的家门口或走廊倒一瓶"四个盗贼的醋"，同时诅咒他，将其赶走。（如果那人在场最好不要这样做。）

疫病医生会被雇去看望疫病患者，以证实他们确实得了疫病。医生身穿厚重的长及脚踝、打过蜡的皮外套，头戴宽檐帽，罩面具，面具上有圆形玻璃的观察孔和圆锥形状的鸟嘴。（他们这种来自另一世界的打扮非常吓人，即使你不被疫病害死，看到疫病医生也可能会被吓死。）鸟嘴里装满了大蒜和药草，可以净化医生呼吸的空气（还可以使他们不受腐烂尸体散发出来的有毒气体的袭击）。医生手中还拿着一根手杖，可以用来在不接触病人的情况下检查病人，还可以把离得太近的病人推开。草药医师建议人们在进入不卫生的街道之前在鼻孔放一瓣大蒜，这样可以不受“可能进入鼻孔的有毒废气的侵袭”。诺斯特拉德玛斯在预言方面名声更大，作为一个疫病医师，他以他的大蒜加芦荟的抗瘟疫配方而闻名于世。（芦荟可以增强肌体免疫力，提高大蒜的杀菌作用。）

苦难时刻的穷人之友

穿过池塘，我们发现了一种本土野生大蒜（野蒜），远在1492年克里斯托佛·哥伦布把栽植的大蒜引进所谓的新世界之前，美洲土著就开始使用它们。野蒜汁可以直接涂在伤口和烧伤处，还可以制成膏治疗疖子。大蒜还可以用来缓解蜂蜇伤、昆虫咬伤和毒蛇咬伤之后的痛楚，熟蒜汁可以溶解于枫糖，制成止咳糖浆和治疗荨麻疹。

早期移民从欧洲带来了他们的医学实践，有些人明智地借鉴和吸收了美洲土著的药草疗法。弗吉尼亚医生约翰·坦南特就是其中之一，他于1727年出版了美国人医疗自助手册《每个人都是自己的医生，或贫穷耕作者的医师》。坦南特的著作是有争议的，因为他偏爱美洲土著的药草疗法，从而排除了当时的流行药物——水银、鸦片和奎宁。他治疗结石（当时已经发现肾结石）的方法是每天早晚喝掺有野蒜汁的苹果汁，持续一周的时间。

美洲的早期探险者也使用野蒜。建立了密歇根州第一个欧洲人定居地的法国传教士雅克·马凯特把野蒜列为探险过程中重要的食物之一。美国探险家刘易斯和克拉克的医师对探险队用野蒜控制坏血病的方法有所记载。从历史文献中发现，欧洲定居者依赖的是与他们从“旧国家”

带来的记忆关系密切的本土植物，因此，他们使用野蒜并不令人感到奇怪。因为自古以来，大蒜一直被用于治疗发烧、皮肤过敏、痔疮、耳痛、风湿、关节炎、寄生虫病、血液病症和肺病。

再回到种植大蒜的话题上来。在哥伦布的轻快帆船尼娜号的货物清单中，包括“十二驮筐鲜猪肉和一驮筐大蒜，总重量为2450磅”。哥伦布虽然以西班牙国王的名义进行航海探险，但他是意大利人，跟随他的西班牙探险者从西班牙带来了大蒜和很多日常用品。西班牙人把大蒜引进墨西哥，并由此传播到中美和南美的邻边国家，成为那里的人们烹饪菜肴时不可或缺的食材。

在早期的美国，虽然大蒜的医疗作用受到人们的赞赏，但是，从一个美国见证人所著的第一本烹饪书中可以看到，大蒜强烈的气味根本没能得到早期清教徒定居者的喜爱。这本书出版于1798年，被冠之以一个庞大壮观的书名《美国烹调术，或一位美国孤儿阿米莉娅·西蒙斯所著的各种调味料、鱼类、家禽和蔬菜的烹调术，制作酱类、糕饼、馅饼、水果派、布丁、蛋奶糕和腌制食物以及各式各样蛋糕的最佳方法——适合各个阶层的美国人》。作者表达了美国人对大蒜的流行看法，她强调说：“大蒜（虽然被法国人用于烹调中），但是更适合用于医学用途。”

总体而言，西蒙斯的观点在后来的一百五十年中占据主导地位。小规模宗教社团震颤派教徒如今主要以其优雅的家具而闻名于世，但之前，他们靠自己的勤奋工作，以拥有最好的药用植物园而闻名全国。他们吸收了美洲土著的药草知识，是最早种植、晾干和出售药草的团体之一，他们被认为在1799年启动了美国的药草工业。他们使用并推荐民众用大蒜治疗呼吸系统疾病。

1830年，田纳西州诺克斯韦尔的约翰·甘博士出版了《甘博士家庭医疗手册，或遭受痛苦、疼痛和疾病时的穷人之友》，这是19世纪最流行的美国医学著作。本书在1878年修订再版，书名为《甘博士新家庭医生或家庭健康手册》。这个版本强调了大蒜作为利尿剂的作用，可以治疗耳痛、发烧、寄生虫病和肾结石病，还可以治疗哮喘和肺部疾病。甘博士还是使用鸦片的狂热倡导者，他治疗百日咳的方法是在蒜汁中加入蜂蜜或一茶匙橄榄油，或者加入几滴镇痛剂（樟脑鸦片酊）或者鸦片酊。不幸的是，因为鸦片酊的鸦片含量比樟脑鸦片酊高出25倍，人们在不知情的情况下会用药过量，从而导致几例病人的死亡。

甘博士的工作预示了折中派医学的兴起，这是在19世纪80年代至20世纪30年代间流行于北美的以药草治疗为主的医学流派。约翰·金是最受尊重的医师之一，他于1877年出版了《美国处方集》。金把大蒜作为健胃药，认为大蒜还可以用于治疗咳嗽、声音嘶哑和寄生虫病。他还把大蒜汁、杏仁油和甘油混合在一起治疗耳聋和耳痛。金还告诫："如果过于随意地使用大蒜，或者在人的身体已经处于兴奋状态时使用大蒜，则有可能导致肠胃气胀、胃痛、痔疮、头痛和发烧。"

1820～1890年出版的《美国药典》是对医疗统一的首次尝试。起初，《美国药典》旨在列出最佳和最确定的药物配方，后来发展成为对质量标准的规范。大蒜一开始就被包括在官方确认的药品清单之内。1888年，美国药学协会首次发布了《美国药品集》。但直到1906年，当《美国药品集》收入一个治疗肺部疾病的大蒜糖浆制剂时，大蒜才被包括进去。（《美国药品集》第一版中万能药的配方大量使用士的宁、吗啡、鸦片和酒精，还包括铁丝、爱尔兰苔藓和猪胰等不同寻常的成分。）

19世纪90年代之后，移民涌入美国，来自东欧和南欧热爱大蒜的国家的人越来越多。1918年流感肆虐全球，导致60万美国人死亡，全世界5000万人死亡，当时有些移民在家中燃烧大蒜，让烟气在空中飘动。很多历史学家认为这是防治流感的成功尝试。人们为了战胜流感想尽一切办法，不论是移民还是非移民，都有许多人求助于民间疗法，幸存者们回忆说，他们曾经在脖子上佩戴装有大蒜的棉布口袋或悬挂一串大蒜。在流感高峰期，《波士顿环球报》上发表的治疗方法是把三磅洋葱和一磅大蒜混合到一起制成药膏，然后把药膏“每三到四个小时敷于病人的双脚和膝盖以下的小腿上，还有脖颈之上”。人们对大蒜的兴趣越来越大，致使大蒜的价格猛涨。在两次世界大战中，大蒜也被用于拯救士兵的生命。第一次世界大战期间，英国政府要求公民尽可能多地提供大蒜，其中大部分被用于治疗伤兵的杀菌消毒剂中。因为大蒜至关重要，政府以每磅一先令的价格收购，大约等于今日货币的十五美元。军医把生蒜汁和水相混合，然后涂抹在伤兵的伤口上。

两次世界大战之间的1928年，英国细菌学家亚历山大·弗莱明偶然发现了能杀死细菌的霉菌盘尼西林。（弗莱明是个才华横溢的科学家，但他的实验室却以邋遢脏乱而闻名。）他在度假时，把一堆肮脏的细菌培养皿遗留在实验室的一个角落。度假归来，他发现被一种蓝青色霉菌污染的葡萄球菌培养液似乎可以抑制细菌的生长。这个发现把拥有民间万能药地位的大蒜推向了后台，医生们开始用盘尼西林治疗感染。然而，在第二次世界大战期间，由于没有足够多的盘尼西林治疗受伤的苏联红军战士，于是大蒜又再次受到重视，赢得了“苏联的盘尼西林”的绰号。20世纪50年代，在非洲传教的阿尔伯特·史怀哲博士用大蒜治疗霍乱、痢疾和斑疹伤寒。

俄国疗法

在俄国，饮用大蒜伏特加是一种流行的抗流感疗法。做法是把一头大蒜切碎加入一品托伏特加中，每天搅拌两次，浸泡至少21天。这不是饮料而是药酒，患流感的人每天饮用两次，每次10至20滴。

另一种流行的治疗感冒的配方是大蒜蜂蜜糖浆（蜂蜜有润喉和止咳的功能）。把一整头大蒜切碎，放入广口玻璃瓶中，然后在上面浇上半杯蜂蜜，放置至少3个小时，最好是24个小时。根据需要每小时吃下一茶匙糖浆。（如果糖浆对你来说口味太甜，可以加入一些酱油，就成了制作鸡肉或其他肉类菜肴的美味调味汁。）

大蒜疗法的科学依据

今天，我们知道大蒜的医疗效能主要来自含硫化合物，这也是其特有的气味和味道的成因。正如我们所见到的那样，虽然上千年以来大蒜的治疗性能一直受到人们的称颂，但是直到19世纪中期，研究者才了解其背后的科学依据。1844年，奥地利化学家西奥多·维特海姆利用水蒸气蒸馏法从生蒜中提取了一种有机硫化合物，他将其命名为烯丙基化硫，并把大蒜的治疗效能归功于他所说的“气味邪恶的油”。维特海姆错误地把这种化合物确认为二烯丙基硫醚。二烯丙基硫醚是一种风味物质，并不是产生大蒜主要有益属性的那种化合物。真正的化合物二烯丙基硫醚的确认是在1892年由另一位德国科学家弗里德里希·威廉·塞姆莱尔完成的。

与此同时，1858年在法国，化学家、微生物学家路易·巴斯德首次证明了大蒜具有抑制细菌生长的能力。巴斯德把蒜瓣放入充满细菌的培养皿中，几天之后，他观察到，每瓣大蒜的周围都是无菌区域。巴斯德的发现开启了后来成千上万种的后续研究项目，一直延续至今。

1944年，美国化学家切斯特·卡瓦利托从大蒜中发现了蒜素，这是一种大蒜被切开或碾碎才会出现的硫化合物。卡瓦利托开拓性的工作为他赢得了“大蒜化学之父”的美称。四年之后，瑞士桑多斯制药公司的研究者阿诺德·斯托尔和埃瓦尔德·塞贝克证明了完整的大蒜中根本不含蒜素，而是含有一种与蒜素相关的物质蒜氨酸，在与其相邻细胞的蒜酶接触之后才会转化为蒜素。斯托尔和赛贝克的发现使合成蒜素成为可能。然而，虽然科学家们知道蒜素可以杀死细菌，但这两个人还是被迫停止研究，因为桑多斯董事会成员认为，蒜素的气味讨厌，没人会愿意用蒜素治疗感染。

大蒜被压碎或“伤害”后产生的物质蒜素是大蒜抵抗昆虫和真菌的天然自保机制。研究者现在发现，蒜素是非常不稳定的，会在瞬间分解。但是在这个过程中，蒜素会分解成一百多种含硫的生物活性化合物，其中有些可能会提供尚不可知的医疗功能。

其中一种化合物叫阿焦烯。1984年，化学家艾瑞克·布洛克及其同事分离合成了阿焦烯，这种化学物质在大蒜的抗血凝（血液凝固）性能方面起了最主要的作用，这意味着阿焦烯可以降低人们患心脏病和中风的危险。它还具有强大的杀菌性能，有助于防止酵母菌感染和治疗真菌感染。布洛克把它命名为阿焦烯（阿焦在西班牙语中是“大蒜”的意思）是为了表示对委内瑞拉同事的尊重。

防病鳞茎：大蒜与21世纪医学研究

大蒜不仅可以抗细菌，还可以抗真菌、寄生物和病毒。抗生素可以用于对抗威胁生命的感染，而因其持久的性能，大蒜是理想的治疗非急性酵母菌感染（包括尿疹）和像金钱癣、股癣和脚气等真菌感染的药物成分。

生蒜（和南瓜子、石榴、甜菜、胡萝卜合用）是消灭肠道寄生虫的良方。想努力摆脱拖延日久的伤风感冒或折磨人的流感的人都知道，抗生素对病毒感染是无能为力的。而大蒜不仅能预防感冒，还能有效治疗病毒性脑膜炎、病毒性肺炎、流感和疱疹。

虽然大蒜不如药剂抗生素的功能强大，但是当我们面对（因过量使用抗生素而产生的）耐抗生素的超级病菌的时候，大蒜却表现出独有的价值。比如，大蒜与盘尼西林不同，是广谱性抗生素，对各式各样的致病细菌都有疗效，而药剂抗生素是为杀死小范围的病菌设计的。

大蒜侵入病菌细胞引起细胞碎裂，可以直接杀死病菌，病菌没有发展出抗性的机会。而药剂抗生素是间接杀死病菌，常常会遗留下遗传基因并未受到药物影响的细胞。这些细胞会成倍增加，一段时间之后，感染病菌会对抗生素完全免疫。因此，重复使用药剂抗生素产生的结果就是：用来杀死病菌的药物反而推动了耐抗生素病菌的发展。弗莱明本人预见到了这个难题，他在1945年诺贝尔奖的获奖演说中，曾经对抗生素抗性发出过警告。

目前，在全世界范围内，几种强大的抗生素抗性传染病菌正在引起科学家的严重关注。每年有大约两百万人感染这种病菌，两万三千人因此死亡。因为抗生素抗性传染病菌的崛起，美国疾病控制与预防中心副主任阿琼·斯利尼瓦森博士甚至宣布“抗生素的时代已经结束”。他说，人类与牲畜过量服药，以致现在的细菌对抗生素产生了抗性。虽然这对制药工业来说是个不幸的消息，但对辅助医学和替代医学医师，以及大蒜种植者来说，却可能是个福音。

在最危险的三种细菌中（美国疾病控制与预防中心将其命名为“梦魇般的超级病菌”），大蒜显示出了抵御其中两种细菌的潜力。这两种细菌是：对抗生素具有抗性的淋病细菌和抗甲氧苯青霉素金黄色葡萄球菌，后一种是医院常见的病菌，对已经缺乏免疫力的免疫系统具有削弱作用。

大蒜还能杀死大肠杆菌、沙门氏杆菌和弯曲杆菌，从而起到防止食物中毒的作用，这三种病菌都被美国疾病控制与预防中心确定为“严重的威胁”（级别仅低于“梦魇般的超级病菌”）。华盛顿州立大学的一项令人激动的新研究发现，在杀死弯曲杆菌方面，大蒜的威力比红霉素和环丙沙星要高出百倍，而且常常比这两种抗生素起作用要快得多。在号称治疗另外一种“梦魇般超级病菌”梭状杆菌的梅奥医学中心的网站上说：“具有讽刺意味的是，梭状杆菌的标准疗法是另一种抗生素。”这句话或许揭示了我们这个社会所面临的因过量使用抗生素所产生的问题。

大蒜补充剂

1955年，总部设在日本广岛的Wakunaga制药公司上市了老蒜精无味胶囊。老蒜精是由一位德国医生研发的，旨在防止战后日本人过量使用抗生素。这位医生认为，具有抗生素性能的大蒜可以被用于改善和维持日本人民的健康，尤其是对那些曾经遭受原子辐射的人群。他发现老化的大蒜既没有气味，又可以增强治疗效果。通过去除大蒜的气味，Wakunaga宣布创造了一种“讨人喜欢的大蒜”。据说这种补充剂可以维持已经处于正常值之内的胆固醇的健康水平，改善循环系统、免疫系统、肝功能和神经系统功能，还有助于缓解压力和疲劳。而公司的竞争对手们认为老蒜缺乏使大蒜发挥效益的大蒜素。Wakunaga公司承认大蒜精中不含大蒜素，但同时还说，老蒜可以产生两种含硫化合物，可以起到比新鲜大蒜和其他商业化补充剂更高的抗氧化作用。

心血管健康

在美国，心脏病是主要杀手，每年导致60万人死亡。研究结果表明，在改善心血管健康和预防心脏病方面，大蒜具有最好的降血压和延缓动脉硬化进程的作用。

最近，一份针对21项人类研究所做出的报告得出结论，大蒜补充剂有助于红细胞制造出硫化氢，从而舒缓血管，控制血压，使血压降低10%。对硫化氢的研究展现出巨大的希望，以至于某些科学家认为这可能是下一个抗衰老研究的重大事件。

大蒜还起着血液稀释剂的作用，有助于防止心脏病和心绞痛的发作。如前面提到的那样，阿焦烯是在大蒜的抗凝固功能中起着最重要作用的化合物。在稀释血液方面，大蒜的作用类似于、有人甚至认为优于阿司匹林（而且味道更好，除非你对阿司匹林情有独钟）。而且，大蒜对大多数人都没有副作用，而服用传统的高血压药物可能会产生一系列的副作用。

关于大蒜降低胆固醇，尤其是低密度脂蛋白胆固醇或“坏”胆固醇的研究尚未得出令人信服的结论。在血液中高速循环的低密度脂蛋白胆固醇可以积聚并阻塞动脉。如果在一条变窄的动脉里形成凝结，就会引发心脏病或心绞痛。大量的研究都得出大蒜能显著降低低密度脂蛋白“坏”胆固醇的结论，但也有研究者得出了相反的结论。一项研究发现，老蒜精会保护低密度脂蛋白胆固醇，使之不被自由基氧化。一项对生蒜进行的研究却发现不会产生这样的结果。在印度进行的一项吃蒜者和不吃蒜者的对比研究中发现，吃蒜者的低密度脂蛋白胆固醇、甘油三酸酯和体内脂肪水平明显低于不吃蒜者。

免疫与抗氧化功能

斯坦福大学的研究给“大蒜降低胆固醇的说法”致命一击，使大蒜可以降低胆固醇的声誉一落千丈。这项研究成果被广泛宣传，其主导者营养学研究者克里斯托佛·加德纳得出结论说，吃生蒜和吃大蒜补充剂都不能降低中等胆固醇水平人群的低密度脂蛋白胆固醇（意思是说这些人群最有可能靠吃大蒜或大蒜补充剂来降低胆固醇）。虽然实验室测试表明蒜素可以抑制胆固醇的合成，但在人体内是否会产生同样的作用，目前还不确定。正如加德纳所说：“在实验室试验中，你可以把蒜素化合物直接用于细胞，但是在真人身上，你不知道在吃蒜之后蒜素会不会真的作用到细胞之上。”另外，参与斯坦福大学这项研究的人的胆固醇水平虽然没有得以降低，但是，他们确实享用了3万个专门为他们做的大蒜三明治。

斯坦福大学做研究用的三明治

斯坦福大学位于加利福尼亚州吉尔罗伊市上方的门洛帕克市。该研究开始的时候，加德纳开车去吉尔罗伊市购买了8箱新鲜大蒜。回去后，斯坦福大学餐饮服务部组成了一个8人团队，花费了2周的时间给大蒜剥皮，然后用捣锤把大蒜捣碎。之后，这个团队必须想出把大蒜“送给”研究参与者的办法。据我猜测，要求参与者持续6个月，每周6天，每次吃掉1个冷冻的蒜泥药片是有些困难的，于是，他们决定做美味的三明治，因此来鼓励人们参与这项研究。他们研发了12个配方，进行了口味测试，最后选定6种三明治用于研究。参与者（这些走运的家伙）每周来斯坦福2次，每次领取3种三明治。当天吃1个，第二天吃1个，第三天再吃1个。这样，在他们领取三明治的3天内，大蒜还是新鲜的。

这个团队还意识到，他们不仅要为新鲜大蒜组提供三明治，还要为其他参与者提供。如果不这样的话，即使新鲜大蒜组的成员的胆固醇降低了，也不可能证明是吃了这种特制的三明治的原因。所以无效对照剂组也得到了三明治，但是不含有大蒜。加德纳偏爱什么味的三明治呢？是香草橄榄油面包上撒波托贝洛蘑菇。

除了通过杀死细菌、真菌、病毒治疗感染以改善免疫系统之外，大蒜还可以激发巨噬细胞、天然杀伤细胞和T辅助细胞的活性。巨噬细胞（来自希腊语，意为“大食量”）是通过吞食病毒、细菌和酵母等有害外来物来保护身体的细胞。巨噬细胞还可以激活天然杀伤细胞等免疫细胞，对病毒感染细胞迅速做出反应，并对肿瘤形成做出反应。T辅助细胞如其名字一样，可以辅助其他的白细胞完成促进免疫的活动。

大蒜还是良好的抗氧化剂来源，可以使细胞免遭破坏性自由基的损害。自由基是贪婪的原子，拥有一个不成对电子，这个电子不顾一切地要与另一个分子结合。在寻求结合的过程中，自由基会去攻击其他的分子，以便窃取另一个电子以获得稳定，构成一个新的自由基。这个电子的窃贼创造了自由基连锁反应过程：攻击、破坏、杀死健康细胞。自由基与衰老、组织损失、关节炎、糖尿病、心脏病和某些类别的癌症相关。它们还导致神经性病变，比如帕金森症和阿尔采默氏病。抗氧化剂是能够与自由基安全互动的分子，可以在自由基破坏健康细胞之前阻止其连锁反应。大蒜的抗氧化功能来自其所含的有机硫化合物、维生素C和硒。硒是人体必需但不能自动生成的微量元素，需要通过饮食提供。

大蒜中的硒和硫还可以刺激谷胱甘肽的生成。谷胱甘肽是强大的抗氧化剂，可以分解毒素，保护、修复细胞膜和脱氧核糖核酸，帮助驱除致癌因子和解毒。在患心脏病、肝病、癌症、糖尿病、阿尔采默氏病、帕金森症、哮喘、孤独症和关节炎的病人身上，都发现有谷胱甘肽缺乏的现象。

大蒜在富含硒的土壤中生长良好，可以在不中毒的情况下吸收大量硒元素。一瓣富含硒元素的大蒜可以提供一个人四倍于日需硒元素的含量。

怀孕与胎儿健康

孕妇不需要避讳大蒜，在怀孕期间反而应该吃些大蒜。有些研究表明，大蒜可能有助于降低发生晚期妊娠毒血症的危险。晚期妊娠毒血症是一种潜在的危险症状，会引起高血压，还可能增加婴儿的出生体重。

生物心理学家朱莉·门内拉和加里·比彻姆的研究还表明，哺乳期婴儿喜欢大蒜的味道，如果在母奶中掺入大蒜，他们会吃得更多。

癌症预防

很难将“癌症”与“好消息”相提并论，但是，美国国立医学研究院癌症研究所却确认了大蒜是具有潜在强大抗癌性能的几种蔬菜之一。

如今，科学家们相信，食用大蒜可以降低患几种癌症的危险，特别是那些胃肠道癌症（胃、结肠、直肠和食道），还可以降低患乳腺癌、前列腺癌、肝癌和胰腺癌的危险。但是，要想充分认识和了解大蒜的抗癌潜力，科学家们还有大量的工作要做。

除了抗氧化功能之外，大蒜的抗癌潜力可以归因于其所含的烯丙基硫化合物，这种化合物具有生成阻止致癌的亚硝胺的能力，并且可以提高大蒜强大的抗病毒活性。烯丙基硫可以防止正常细胞转化为肿瘤细胞，可以延缓和抑制癌症的发生，帮助身体清理致癌物，使癌细胞自然死亡。

PHiP（2-氨基-1-甲基-6-苯基咪唑并［4,5-b］吡啶）是另一种与乳腺癌相关的致癌化学物质，在高温烹调肉、禽、鱼时形成。研究表明，大量吃肉的女性乳腺癌发病率更高。从大蒜中提取的合成物二烯丙基硫醚有抑制PHiP的效果，在防止乳腺癌方面起着重要的作用。

据科学家估计，人类所有癌症中大约有15%可以归因于病毒。研究显示，大蒜有助于防止和抑制下列引发癌症的病毒：肝病毒（肝癌）、人乳头瘤病毒（宫颈癌）和幽门螺旋杆菌病毒（胃癌）。

一些新研究表明，幽门螺旋杆菌病毒也可能是引发胰腺癌的因素之一。胰腺癌死亡率为96%，是最恶劣的癌症之一，因为通常都是晚期的时候才能被诊断出来（或者根本诊断不出来）。同样的研究还表明，牙龈卟啉单胞菌（通常和牙周病联系到一起的口腔细菌）也可能是患胰腺癌的成因之一。大蒜除了具有抵抗幽门螺旋杆菌病毒的作用之外，还可以有效抑制和杀死牙龈卟啉单胞菌，因此有助于减少可怕疾病的发病率。在旧金山湖区进行的一项研究发现，大量吃蒜的人群患胰腺癌的危险程度要降低54%。（我的父亲死于胰腺癌，因此我深知此病的危害。）

南卡罗莱纳医科大学的科学家发现，大蒜具有抵制另一种不治之症恶性胶质瘤的功效。恶性胶质瘤是一种攻击性脑瘤，患者存活率不到一年。尽管测试结果是在实验室中得出的，需要做进一步研究，但这是首次提出的直接证据，证明大蒜合成物二烯丙基硫醚具有阻截癌细胞繁殖通道的效果，最终有助于控制这种最致命的脑瘤在病体内的生长。

消炎效果

大蒜的消炎性能来自其所含的硫化物，它可以帮助缓解一些自身免疫性疾病的症状，比如，类风湿性关节炎，还有哮喘、牛皮癣、过敏和疱疹等症状。大蒜甚至有助于防止体重增加，帮助减肥（这是个令人震惊的消息）。研究者越来越相信，肥胖病是一种低级的炎症，是炎症把前脂肪细胞转化成了脂肪细胞。大蒜的消炎功能可能可以抑制这一过程，阻止前脂肪细胞向脂肪细胞的转化。在某些患者身上，大蒜还可以缓解胃肠炎症所引发的病症（溃疡性结肠炎、克罗恩氏病和应激性结肠综合征等），但在其他患者身上，却会诱发这些症状。

重金属中毒

金属毒素在人体内不断积累导致人重金属中毒。重金属中毒正在成为现代人越来越严重的威胁。人类被暴露在危险的废弃物置放场和工业区域之下，食物、水、住宅、农药和药品中也含有重金属。

人体没有能力代谢高密度的金属，当毒素达到一定水平时，它们会积聚在体内软组织中，引发一系列的症状，令人疲劳，记忆力减退，甚至造成不可恢复的神经系统伤害和器官伤害。持续暴露在重金属环境之下会导致患上癌症或出现类似帕金森症、阿尔采默氏病、肌肉萎缩和多发性硬化症等退变性症状。

研究表明，因为大蒜含有硫化物，所以可以解除人体内的重金属毒素，而且还是一种螯合剂。（螯来源希腊语，意为“爪”，这是一种有机化合物与金属结合的过程。在这里，这种有机化合物是硫。）螯合疗法是排除身体细胞和进入血液流通的有毒物质的过程。

几年前，世界卫生组织的科学家发现，孟加拉的地下水受到自然产生的砷污染，全国1.25亿居民当中，有3500万到7700万人受到砷的危害。印度的研究表明，大蒜中的含硫物质可以“从组织和血液中清除砷”。该研究的参与者之一、印度化学生物研究院的基雅·乔杜里，建议生活在砷中毒风险地区的人们每天吃一到三瓣大蒜作为预防措施。

印度的另一项最新研究甚至发现，大蒜加工的废弃物与罐装大蒜和洋葱也可以用来清除污染工业材料中的重金属，实际上，就是利用大蒜和洋葱从源头上控制重金属毒害的问题。这种成本不高又对环境无害的技术可能为发展中国家带来福音。

男性健康

多少世纪以来，大蒜的壮阳功能一直受到人们的青睐，这主要归因于其改善血液循环的能力。这种功能特别有助于治疗那些因腹股沟区域血液循环不良和动脉硬化而导致阳痿的男性心脏病患者。因为大蒜对这两种症状都有疗效，所以可能成为治疗勃起功能障碍的天然良药。2007年，英国广播公司播放了意大利农业协会的研究结果，声称，如果每天吃四瓣大蒜，坚持三个月，其作用等同于伟哥。无论真假，英国的大蒜销售量一下子猛增了32%。

大蒜还可以刺激生成男性勃起必需的一氧化合酶，有助于改善前列腺健康。研究显示，大蒜可以减少前列腺肿块，增加尿流量，减少患良性前列腺增生的男性尿频次数。中国和美国的研究都发现，每天吃十克以上葱属植物（尤其是大蒜和洋葱）的男性可以把患前列腺癌的危险降低50%。而且从一项小型研究中得出的令人满意的结果是，大蒜可以大幅度降低前列腺特异性抗原（PSA）水平，而它虽然不总是，但常常是前列腺癌的症候。像其他研究领域一样，大多数此类研究还处于初级阶段，但是，这些初步结果无疑为进一步的研究做了铺垫。

结论

了解了大蒜所拥有的这些潜力，就不会因世界卫生组织在《大众健康指南》中推荐每日食用大蒜而感到吃惊了。这是个好消息。我们被告知的要过上健康长寿的大部分方法都是劳财费力的（一周锻炼六次，每次至少三十分钟），甚至是令人讨厌的（适量吃巧克力酥饼），而现在听到有人说："吃一些大蒜，这样对你有好处。"这不是很好吗？

注意事项

下面是使用和消费大蒜时的一些注意事项。

大蒜中的硫含量很高，可能灼伤皮肤，所以不要把蒜末放置过长时间或者过夜。大蒜可以阻止血液凝固，所以建议病人在手术前几天不要大量吃蒜或者大蒜补充剂，为了稀释血液而服用阿司匹林和法华令阻凝剂的人以任何形式使用大蒜之前要向医生咨询。

大蒜可以提高抑制体内血小板活性药物的活力。大蒜可以大幅度降低蛋白酶抑制剂的血清水平，蛋白酶抑制剂是用于治疗艾滋病病毒携带者／艾滋病患者和传染性肝炎病人的一类抗反转录病毒药物。

大蒜可以降低异烟肼（一种抗结核药物）、环孢霉素（器官移植病人预防器官排斥的药物）和节育药丸的药效。在与非类固醇抗炎药一起服用时，大蒜还可能增加出血的危险。虽然证据不足，但是有可能会增强旨在为糖尿病患者降低血糖的药物的效果，从而引起低血糖症。血糖水平大幅度下降可能会产生致命的结果。

大蒜医生

南非卫生部长曼托查·巴拉拉－姆西曼因为拒不承认艾滋病病毒携带者与艾滋病患者之间的联系而受到国际谴责。她建议艾滋病患者不吃新研制的抗反转录病毒药物，而是食用橄榄油、非洲马铃薯、甜菜、柠

檬和大蒜。她的政策导致成千上万的病人过早死亡，世人称她为“大蒜医生”。巴拉拉－姆西曼曾说：“生蒜和柠檬皮不仅可以为你带来美丽的容颜，还可以起到防病效果。”

2004年，约翰内斯堡电台脱口秀和流行音乐节目主持人法纳·巴哈尔也是拒不服药，而是青睐于一种他称之为“非洲答案”的由柠檬、橄榄油、甜菜和大蒜快速制成的饮料汁。在艾滋病蹂躏他的身体的时候，巴哈尔仍然极力宣扬他的饮食疗法的好处。他于2004年去世。

第二章　自由，平等，蛋奶酥：大蒜与食物

番茄与牛至塑造了意大利人；红酒和龙蒿塑造了法国人；酸奶塑造了俄国人；柠檬和肉桂塑造了希腊人；酱油塑造了中国人；大蒜塑造了善。

——爱丽丝饭店的爱丽丝·梅·布洛克

在古洞穴和古墓中发现的蒜酱和蒜的遗迹有力地说明，我们的祖先从他们的狩猎与采集生活开始，就一直把大蒜作为一种食物调料。有人推测，人类可能在一万年以前即最后的冰河时代刚刚结束时就开始食用大蒜。新石器时代的人类在从半游牧的狩猎采集者进化为定居的农民的过程中开始种植大蒜。进入农业社会之后人们的生活方式发生了彻底的改变。人们开始建造永久性住所，并且开始了社会活动，进而建立了现代城市。人们开始进行商品交换，学习如何栽培农作物和驯养家畜。埃及、希腊、罗马、美索不达米亚、中国和印度等伟大的古代文明（包括烹饪术）从此诞生。而大蒜这种健康的、广为人知而又声名狼藉的食物找到了无数刺激人们胃口的方式。

古代的美味佳肴

城市的发展为在亚欧之间贩卖货物的商人们创造了商机。大蒜重量轻，耐储存，是良好的能量和营养来源，并且气味强烈，足以遮掩变质食品的味道，因此成为漫长艰辛的旅途中完美的食物。公元前2600年，一位雕刻家将一份主要食品单刻写在泥板上，这其中包括大蒜。大蒜还出现在世界上最古老的三个食谱中。苏美尔人的这三个食谱是：用动物油、大蒜、洋葱、酸奶和血做成山羊肉乱炖；用大蒜、洋葱、麦芽饼和牛奶做成鸟肉乱炖；还有用动物油、小茴香、芫荽、韭葱和大蒜做成炖萝卜。希望这些菜的味道比听上去更好吃。

埃及统治者让他们的奴隶食用大蒜，使得这些公元前2560年胡夫大金字塔的建造者们有足够的力气干活儿。据金字塔碑文上的记载，奴隶们吃掉了价值1600塔兰特银子的大蒜、萝卜和洋葱——相当于今日货币的3000多万美元。大蒜还是世界上最早记载下来的罢工的起因。在大蒜短缺的时候，奴隶主们先是减少然后又停止提供每日的大蒜，奴隶们因此拒绝工作。（难道能责备这些奴隶吗？）大蒜的每日配额一经恢复，金字塔的建造也马上复工了。当时，大蒜比较贵，15磅的大蒜足以购买一个健康的男性奴隶。

和金字塔的建造者一样，以色列奴隶在为法老建造皮索姆城和朗赛城的时候，也吃大蒜保持体力。以色列人在出埃及（公元前1440—公元前1400年）之后大蒜出现短缺，这在《圣经·旧约》中有所记载。在沙漠流浪的以色列人悲伤地回忆着："在埃及，我们曾经可以很方便地吃到鱼，还有南瓜、甜瓜、韭葱、洋葱和大蒜。"

在公元前776年举行的第一届奥林匹克运动会期间，竞技者们也是靠吃大蒜来提高耐力，大蒜成为首次记载下来的提高运动成绩的天然药物（并且是合法的药物）。前13届国际奥林匹克运动会更像是奥林匹克单项运动会，因为只有二百米赛跑一个比赛项目。竞技者们在长达十个月的高强度训练中意识到饮食营养的重要性，因此，第一个奥林匹克冠军是厨师科诺布斯或许就并不让人感到奇怪了。

在奥林匹克运动会（只有男子参加）和其姊妹运动会（即由未婚女子参加的赫拉女子运动会）上，占据主导地位的都是以强健（和脚踏实地）闻名于世的斯巴达男女。（为了测试身体的耐力，新生婴儿不是用水，而是用红酒洗澡。那些被认为不适合将来服兵役的婴儿会被遗弃或者投入山涧。）与古希腊其他城邦不同，斯巴达女性所受的教育是要个性独立、身手敏捷，她们参加摔跤、投标枪、掷铁饼、赛跑和赛马等竞技项目。斯巴达公民都吃同样的食物（法令规定），由此我们可以推测出，在比赛之前，女性也是和男性一样用吃大蒜的办法来热身的。斯巴达男性靠一贯强悍的竞技能力，曾经成为世界上最可怕的军事力量。他们靠吃大蒜获得传奇般的力量，并且治愈战斗中所受的创伤。正如阿里斯托芬在他的喜剧《阿卡奈人》中所描述的那样，其他希腊城邦的战士在战役开始之前也是靠吃大蒜来激励自己。他写道，精神振奋的色雷斯战士“都吃足了大蒜”，这里暗示着古希腊人嗜好斗鸡，参赛者会给他们的斗鸡喂食大蒜，并且在它们的身体上涂抹大蒜，认为这样可以使它们具有更强大的攻击性。（阿里斯托芬在被大蒜刺激起来的战士和被大蒜刺激起来的公鸡之间进行了猥亵的联想，这并不是偶然的。）

正如马卡斯·奥里欧斯所说，上流社会的罗马人讨厌大蒜强烈的气味，但是有一个显著的例外，那就是尤利乌斯·恺撒。据说，恺撒嗜好吃蒜，但在他发明的以他的名字命名的沙拉中却没有大蒜。大

蒜是与以罗马战神命名的火星联系在一起的，因此，罗马将军们用大蒜鼓舞士兵的士气似乎是合情合理的。士兵们也在他们所征服的国家的田野上种植大蒜，相信被大蒜鼓舞起来的士气会在战场上传播。罗马军团理应因把大蒜引进到北欧国家而受到称赞。在当时甚至有这样一种说法：但愿你不要吃大蒜，其真实含义是：但愿你不要被征召入伍。

大蒜还被认为是适合身份卑微的自耕农食用的食品。诗人维吉尔甚至写过一首关于自耕农的诗，诗中描述了自耕农收集食材准备晚餐的过程。这首诗题为《莫雷顿》（蒜泥乳酪），是他在蒜味乳酪流行之后写的。令我难以理解的是，在古罗马时代，莫雷顿是对诗人和散文作家都具吸引力的主题。据学者们推测，尽管这样一道乡村菜肴不太可能在一个著名的艺术保护人的餐桌上出现，但是，罗马抒情诗人贺拉斯在与他的朋友兼保护人米西奈斯共同进餐的时候，招待菜肴中确实有莫雷顿。不管他吃到的大蒜菜肴是什么样的，贺拉斯肯定是仇恨这道菜的，他宣称："如果有人割断了一位父亲老迈庄严的喉咙，那么，让这个该受诅咒的弑父者吃有毒的芹菜就太温和了——让他吃大蒜。"贺拉斯的《抒情诗第三节》描述了诗人因吃大蒜产生消化不良的状况，可能是他曾经发表过的关于大蒜的最富雄辩的纪录。贺拉斯除了引用大蒜的用法之外，还把大蒜比作毒蛇的血液、天狼星灼热的蒸气以及害死赫拉克勒斯的毒药，还暗示说他的宴会可能已经被杀害儿童的恶魔巫师凯尼迪亚做过手脚。他诅咒米西奈斯因气味难闻而遭到性排斥。这位脾气温和的诗人对他开玩笑说："我希望你的女友拒绝你的亲吻，在床上对你敬而远之。"

不管米西奈斯用什么招待了贺拉斯，他（或者更可能是他的仆人）

并没有从《论厨艺》中得到食谱。《论厨艺》是目前所知的唯一一本关于古罗马食谱的烹饪著作，是我们了解当时饮食习惯的唯一渠道。因为这本书是为上流社会读者而写的，所以，没有人（除了贺拉斯之外）会因为某个食谱中有大蒜而大惊小怪。

丝绸之路上的游牧民族

丝绸之路并不是一条单行通道，因此，当某些大商人、商贩和游牧民族向东部的欧洲贩卖大蒜和其他商品的时候，其他人也在向西、向南，到达中国、印度、韩国，甚至更远的人迹未至的地方。从中亚向西北，穿越了西藏、新疆和蒙古人烟稀少的崇山峻岭、沙漠高原和富饶的盆地，大蒜进入到中华文明的摇篮——黄河两岸。（人们相信，是游牧民族在大约同一个时期把大蒜引进了美索不达米亚、中国和印度。）

大蒜的汉字是一个象征符号，说明它是汉语中最早的书写文字之一。在中国最早的诗歌总集《诗经》中，有一首诗讲述了一位游牧者蒜烤羊羔的情景。当烧烤的气味散发出来的时候，神问："这是什么气味，如此强烈，如此美妙？"由此可知，用来献祭的烤羊是用大蒜做调料的，这样可以更好地得到神祇的欢心。

在中国，食物与药物的关联可以追溯到《黄帝内经》。大蒜在中国的很多菜系中扮演着重要角色。黄帝认为，要想成为一个伟大的统治者，首先必须能够控制自己，他利用食物的药理作用来延年益寿。宫廷菜的特色就是利用药膳来延长统治者的寿命和生活质量。早在公元前115年，统治者就任命拥有医官头衔的膳食专家。他的职责是指导御膳房做饭，对菜肴的口味和药理作用把关。有些菜肴工艺极其复杂，需要厨师

花费毕生精力去完善。

黄帝运用古老的阴阳概念，使相对但互补的菜色、味道和质地达到平衡。阳性食物是温性的，阴性食物是凉性的。人们相信，过多食用某类食物会使人在生理和精神上都失去平衡。大蒜是一种阳性食物，这说明了其在中国北方气候较冷的地区受欢迎的原因。（在中国南方，很多著名的菜肴中也使用大蒜，但是口味更淡。）除了海藻之外，所有的蔬菜都是阴性的。大蒜的阳性性能有力地说明了为什么大蒜能大大增强蔬菜的味道。

在中国，历史悠久的八大菜系中，有四大菜系（粤菜、湘菜、鲁菜和川菜）与大蒜密不可分。在粤菜中大量使用，有时甚至过量使用大蒜调味，但粤菜是以口味清淡、鲜美、温和而闻名于世的。湘菜和川菜的特点是麻辣，但又有区别。湘菜中的辣酱是用新鲜红辣椒和大蒜油浸成。四川厨师是用川产胡椒，以及大蒜、姜和豆豉加强辣度。大蒜生产地是山东。鲁菜以综合大蒜、姜和韭葱等的辛辣味道而闻名。闽菜不使用很多大蒜，但在蘸酱、沙茶酱佐料中却大量使用。沙茶酱是用大蒜、青葱、辣椒和干虾制成的辛辣调味料。（在徽菜、苏菜和浙菜三大菜系中很少使用大蒜）。

在中国某些不太知名的省份也盛行食用大蒜。马可 · 波罗在13世纪周游中国的时候吃惊地说，在中国南方的云南省，村民“以蒜蓉辣酱为调料”，生吃鸡肉、羊肉、牛肉和野牛肉。在中国的西南部地区一直保留着吃生肉的嗜好，在特殊场合会食用一头或多头刚屠宰的生猪，把肉切碎，与蒜蓉辣椒搅拌，一起食用。在寒冷的与俄国接壤的北部省份黑龙江，人们吃很多俄国食品。在20世纪初期，俄国贸易者从边境的另一边带来了大蒜黑胡椒猪肉熏肠。如今，哈尔滨红肠已经成为该城市的特产。而在与朝鲜接壤的北方省份吉林，其居民和朝鲜族人一样喜爱泡菜和蒜蓉狗肉。

韩国人的大蒜消耗量惊人，这与他们酷爱吃泡菜的习俗分不开的。韩国泡菜是用大蒜、胡椒腌制卷心菜而成，已经流传了数个世纪。韩国泡菜被认为是韩国的民族食品与象征，甚至有一种说法说："泡菜的味道是妈妈指尖的味道。"韩国人像犹太人一样，也被人嘲笑为食大蒜者，特别是厌恶大蒜的日本人会这么说。

中国人和韩国人除了把大蒜作为医药引进日本之外，还把佛教和拒绝大蒜的素食烹饪法引到了日本。日本的佛家烹饪被称作精进料理：精进指追求开悟的苦修；料理指烹饪。这种为寺庙和尚们准备的料理把大蒜看作五种辛辣蔬菜之一，认为这五辛会刺激五脏（胃、肠、肝、脾和胰腺），因此是被禁止食用的。

日本有一个地区有着悠久的食蒜历史，这就是位于四国岛南海岸的高知县。高知县的招牌菜是蒜烤鲣鱼，做法是把鲣鱼烧烤之后在上面撒上大量的大蒜、姜和葱。高知县人几千年来盛行吃大蒜，最大的可能是因为其祖先曾在韩国的长宗我部氏族的统治之下。（高知县的人以固执而闻名；女人被称作"八只睾丸"，意思是女强人，据说一个女人的酒量胜过四个男人加在一起的酒量。）

大蒜向南从天山到帕米尔高原（因为在海拔很高的地方生长着野葱，因此在汉语中被称为"葱岭"），穿越崎岖的山路抵达印度次大陆。大蒜到达印度河谷，这里是浩瀚而且先进的青铜时代文明的发源地，如今是巴基斯坦和西印度的所在地，还包括伊朗和阿富汗的某些地区。食物是人类生活的最基本要素，没有任何文化比印度文化更强调食物的重要性。在印度的古文献中，食物被看作是一切生命的来源，被称为梵天（一切生灵之主）。

在考察一个4500年前曾经兴旺发达的定居地的过程中，考古学家在姜和姜黄的遗迹旁边发现了一瓣碳化了的大蒜，这说明印度人在数千年来一直非常喜欢含香料的咖喱饭，比阿拉伯国家、中国和欧洲的贸易者从东南亚进口香料的时间要早很多。

在阿育吠陀医学中，大蒜被认为是为数不多的拥有六味中的五味的东西之一，因此被称作味中之王。大蒜的五味是甜、咸、辣、苦和涩，没有酸味。因为阿育吠陀医学提倡在饮食中包括所有的六味，所以大蒜几乎成了完美的食物。在阿育吠陀医学中，食物被划分为三类——悦性食物、变性食物和惰性食物——分别对应善、激情和无知。大蒜是变性和惰性食物，会促进激情（及其仆役：恼怒、焦虑和攻击）和越来越无知。

虽然在某些圈子里大蒜作为食物是令人质疑的，但在整个次大陆，其味道显然战胜了医学和宗教。没有大蒜，印度菜是无法想象的，虽然印度是世界上第二大大蒜生产国，但因为大蒜在印度菜中至关重要，所以要额外进口大蒜才能够满足国人需求。大蒜、姜和洋葱是印度菜中神圣的三位一体。人们通常使用同等配量的大蒜和姜，因为姜可以提高血压而大蒜降低血压，二者同用则保持了膳食的平衡。

印度是世界上最初的熔炉，许多最著名的菜肴都是受了来自中亚、阿拉伯国家、波斯、葡萄牙和英国的侵略者的影响。味道浓厚、多乳脂的莫格莱菜在美国的大部分印度餐馆都有提供。这种在波斯影响下的芳香浓郁的菜肴的特点是蒜泥和姜泥很多，再配以大量的香料、干果和坚果进行强化。印度西南海岸的果阿菜把印度菜和曾经统治该地两百年的热爱香料的葡萄牙菜融合到一起。这个地区以火辣灼人的咖喱肉而闻名，做法是把肉放进由醋、辣椒和大蒜制成的汤汁里煮制而成。

在西孟加拉邦东部及其首府加尔各答，大蒜和姜又得到了芥末油的强化。芥末油在孟加拉邦菜系中是不可或缺的，就像地中海菜中不能缺少橄榄油一样。西印度古吉拉特邦菜大多受到厌恶大蒜和洋葱的佛教徒和耆那教徒的影响，但这个地区还有一种闻名的辛辣调料，是用大蒜、盐和大量的干红辣椒制成的。因此，虽然有些印度教徒回避大蒜，但大蒜在这个国家多种多样的菜肴中仍然起着十分重要的作用。

甘地与大蒜

圣雄甘地患有严重的高血压病，医生们建议他用大蒜治疗。一位曾经为他治疗的医生写道，甘地在一开始的时候虽然刨根问底……但是一旦被说服，他却是一个最热心的执行者。后来，作家、甘地传记的作者韦德·默赫塔回忆说，甘地的盘子旁边总是放着一大碗蒜泥，“他吃很多，并且还把蒜泥给他认为有需要的人吃”。

伊斯兰的黄金时代促成了烹饪术的繁荣，在9世纪的巴格达达到一个高峰。当时，巴格达是世界上最繁荣的城市。令我们庆幸的是，一位阿拉伯作者在《烹调术》中记录了贵族享用的受到波斯人启发而发明出来的菜肴。在这里看不到鹰嘴豆泥和沙拉三明治，但是大蒜随处可见。大蒜、酸乳酪和薄荷被用来制作烤肉串腌泡汁。波斯菜中大量使用香料，甜味和咸辣味调料混用，一道典型的调味汁中包括了大蒜、芝麻酱、柠檬汁和肉桂。在当代阿拉伯菜中使用的传统药草——薄荷、西芹和芫荽等——得到了罗勒、龙蒿、芸香、香芹、阿魏、番红花、姜的强化，再加上石榴、大枣、干果、坚果、醋、玫瑰花瓣，当然还有大蒜。十字军持续不断地把许多具有异域风格的食材引进了欧洲。

大蒜来到遥远的斯堪的纳维亚，在中世纪的北方阳光下获得了短暂的青睐。当时维京人的船上装载着大蒜，用来给食物调味，保护船员在漫长的海上航行中不受疾病和邪灵的侵害。随着公元1050年维京时代的消亡，大蒜的受欢迎程度急转直下，在本地原有菜肴中几乎找不到大蒜的踪迹。

在欧洲的繁荣

多亏了中世纪的僧侣们种植大蒜，大蒜得以普及并且价格廉价。在生活环境非常不利于健康、将食物冷藏还只是一个梦想的时代，大蒜尤其受到人们的欢迎。当时的社会等级分明，不同阶层的人的饮食习惯差别极大。但是，大蒜似乎是少数超越阶级的食材之一。精工细作的宴会菜满足了皇家和贵族的主要嗜好，菜肴中使用了来自异国的香料和配料，对于下层人们来说，这是太过昂贵了。由于寺院得到大量的施舍，种植大蒜的僧侣们和其他神职人员也享用上流社会的饮食。许多僧侣来自贵族家庭，保持清贫的誓言不能阻止他们吃上好饭菜。伦敦大学考古研究所的菲力帕 · 帕特里克在分析了三个英国墓地的骸骨之后得出结论，中世纪僧侣因为每日平均摄入大概六千卡路里的热量而身体严重超重。僧侣们饲养牲畜来获得奶类、蛋类，并且在牲畜不再有用的时候就把它们吃掉。寺院拥有大量的菜园和鱼塘。僧侣们对蔬菜的食用限于豆类、洋葱、葱韭和大蒜。

在欧洲，法国与大蒜的关系最为密切，大蒜在法国的菜肴使用中达到了最高峰。法国前总理保罗·雷诺曾经说过，一个法国人的身体构成不同于其他凡夫俗子，是由“辣椒、大蒜、肥鹅肝酱、面包和本地优质红酒合成的”。

长期以来，大蒜在法国南部最受欢迎，北方则是洋葱占据了主导地位。法国烹饪书中最早提到大蒜是在1306年，它是当时使用的仅有的五种药草和蔬菜之一。在《美食大词典》中，亚历山大·大仲马对弥漫在普罗旺斯的大蒜气味进行了描述，空气中“弥漫着大蒜的香气，呼吸这样的空气对健康大有裨益”。他还概括说，“一个人吃了大蒜，谁都闻得到气味，只有这个吃蒜的人还在纳闷为什么人人都避之唯恐不及”。

纪尧姆·蒂列尔，也叫塔耶旺，是14世纪中叶的一个法国宫廷厨师。他的著作《肉类食谱》为法国烹饪学奠定了基础。该书收入了绿蒜酱和白蒜酱，还有葡萄汁蒜酱，后者必须和鲱鱼一起食用。书中还收入了蒜醋面包酱的配方。蒜醋面包酱（将甜味香料、面包、大蒜一同用醋腌制）是中世纪广受欢迎的酱料，甚至可以在当地市场买到成品。

普罗旺斯沁人心脾的芳香应该归功于当地最著名的特产（或称其为元凶）——充满传奇色彩的大蒜海鲜大杂烩：鱼肉浓汤。还有用大蒜和橄榄油配制而成的蒜泥蛋黄酱。蒜泥蛋黄酱完美体现了普罗旺斯菜肴的精髓，诺贝尔奖得主、诗人弗雷德里克·米斯特拉尔甚至把他的《普罗旺斯年鉴》称作“蒜泥蛋黄酱”。正如彼得·梅尔在《普罗旺斯字典》中所说，抒情诗人米斯特拉尔如果不能脚踏实地的话，将会一无是处。1891年，他写道：“蒜泥蛋黄酱是普罗旺斯阳光的热能、力量和快乐的缩影，但它还有另外一个美德，就是可以驱赶蚊蝇。”梅尔还记述了普罗旺斯的一年一度的事件：蒜泥蛋黄酱大餐。村民们用丰富多彩的大餐迎接夏日的到来，这些大餐包括用新鲜蔬菜、鱼和各种肉类做成的菜肴，所有菜肴都要蘸上或者倒上蒜味醇厚的蛋黄酱食用。

大蒜如此紧密地和法国人联系在一起，在第二次世界大战期间，查尔斯·弗雷泽·史密斯（他是系列电影《007》中 Q博士的灵感来源）为空降法国的间谍发明了大蒜味道的巧克力板，这样，他们呼出的气味就和高卢人一样了。

法国人对大蒜的热情是众所周知的，对此有着丰富的文字记载。然而，英国人对大蒜的态度却是难以预料和变化无常的。普遍认为，中世纪的英国上流社会是回避大蒜的，但是，如果了解一下两本最古老的食谱，结果则是相反的。2013年4月，麦吉尔大学中世纪研究教授菲思·瓦里斯在阅读一本来自达拉姆修道院的12世纪的手稿时，意外地发现了一份食谱集，她意识到这份食谱集比之前所知最早的英国食谱集还要早150年。这些僧侣们用来招待贵族的菜肴中包括“冬日烤鸡”（鸡肉加大蒜、辣椒和洋苏草），还有用西芹、洋苏草、辣椒、芥末、芫荽和（你已经猜到的）大蒜制成的调味酱！

在此之前，《食物准备法》被认为是英国最古老的烹饪书籍。该书出版于1395年，是国王查理二世的主厨们所著。（食物“cury”一词不是来自咖喱“curry”，而是来自拉丁语食物“curare”，该词既指食物，也指治病，由此强调了食物与医药的关系。）在一个由12种药草和蔬菜组成的沙拉中包括了生蒜；在烤鹅的填料中有大蒜与葡萄；用水和油煮蒜；在一个小菜上面撒上番红花、盐、浓重的香料和大蒜。

如果考察一下创作于14世纪末的《坎特伯雷故事集》，就很容易理解为什么大蒜被贬低成平民百姓的食物。乔叟暗示了下层社会召唤师的卑贱。他说：“他过于爱恋大蒜、洋葱和韭葱，爱恋血红的烈酒。”大概两个世纪之后，莎士比亚的看法如出一辙。

莎士比亚在五个剧本中提到过大蒜，都是毫无例外地以此侮辱下层人，大蒜成为下层社会的标志。在《仲夏夜之梦》中，波顿在戏里赞美自己的搭档说：“不吃洋葱，也不吃大蒜，因为我们要呼出甜美的气息。”在《亨利四世》第一部中，豪斯伯冷酷无情地羞辱说：“我宁可在一辆风车里与乳酪和大蒜为伍，也不愿意在基督教世界的凉亭里享受美味珍馐。”在《一报还一报》中，路西奥谈到公爵时说，“他看见个女叫花子也会拉住亲个嘴儿，尽管她满嘴都是黑面包和大蒜的气味。”在《科利奥兰纳斯》中，米尼涅斯指责护民官们的蠢行，说他们把“食大蒜者的气息”强加在高贵的科利奥兰纳斯身上。在《冬天的故事》中，为了引起克洛的注意，陶姑儿把大蒜送给情敌毛大姐，还说：“叫毛大姐做你的情人吧——娶她，别忘记嘴里含个大蒜，接起吻来味道好一些！”她的意思是大蒜可以改善她的情人的气息。在莎士比亚时代，有些伊丽莎白时代的观众会因为口中的大蒜气味受到指控。据说，那些花一便士站在后排的观众嘴里咀嚼着大蒜，因此，剧院楼厅上的上流社会的观众称他们为“满身臭气的便士人”。（与莎士比亚同时代的剧作家托马斯·德克也不谋而合地把这些观众称作“满嘴大蒜味的臭鬼”。）

塞万提斯对大蒜的看法与他的同时代人莎士比亚遥相呼应。在《堂吉诃德》中，塞万提斯的主人公告诫他的随从桑乔·潘萨说：“不要吃大蒜或洋葱，因为它们的气味会暴露出你是个乡巴佬。”后来，当他所钟爱的杜尔西内亚到来的时候，堂吉诃德责难道：“我闻到了一股生蒜的气味，恶臭难耐，熏得我差点儿没晕过去。”桑乔安慰他悲伤的主人，说是邪恶的魔法师偷走了杜尔西内亚身上的芳香，换成了大蒜的味道，把她变成了一个平庸的乡下姑娘。

“品味高雅”的英国上流社会也借用大蒜来诋毁同样有着“大蒜食用者”绰号的意大利人。意大利人对大蒜的钟情可以追溯到古罗马，从那时起，大蒜的气味就一直与他们联系在一起。英国作家霍勒斯·沃波尔说意大利人是“卑贱的大蒜部落”。诗人波西·比希·雪莱1818年在意大利旅游的时候写道：“你会怎么想？年轻女人嚼的——你永远都猜不到——是大蒜！”

1699年出版了第一本英文沙拉烹饪著作的约翰·伊夫林也抱着同样的态度。在《沙拉的对话》中，他认为，“大蒜的恶臭是令人无法忍受的”。他认为大蒜只适合“粗野的北方人，或者海上的人”。伊夫林并没有就此止步，而是进一步宣称吃大蒜“是对重罪犯人的惩罚之一”，然后得出结论：“可以肯定的是，大蒜不是为优雅的女性准备的，也不是为那些向她们求爱的人准备的。”

哥伦布大交换

哥伦布抵达希斯巴纽拉岛揭开了哥伦布大交换的序幕。大交换是指新世界和旧世界之间的商品贸易。除了大蒜之外，新世界还得到了牛、猪、小麦、鸡、羊、猴子、稻米、燕麦、大麦、黑麦、洋葱、生菜、包心菜和香蕉，这些在当地原来都没有。旧世界得到的回报是驼羊、马铃薯、番茄、柿子椒和红辣椒。

传统西班牙冷汤的现代版应该归功于哥伦布大交换。原来的西班牙冷汤是用干面包、大蒜、橄榄油、盐和醋做成的。当番茄和柿子椒传入欧洲之后，它们被加入西班牙冷汤。随着探险家们海运贸易的开始，殖民者和传教士们担负起了向美国南部各州和整个中南美洲传播旧世界食材的使命，其中也包括大蒜。

俄罗斯人过去与现在都大量食用大蒜，有人说大蒜是俄罗斯人的第三个医生（第一个医生是俄罗斯桑拿或浴堂，第二个医生是伏特加）。两位17世纪的旅行家对此有过记载。到过俄罗斯的英国人托马斯·史密斯爵士在提到俄罗斯菜时曾写道："我会多次谈到大蒜和洋葱，因为他们大部分的菜肴中都有这两样东西。"德国学者、（非常不善于外交的）外交家亚当·奥莱李尔斯也有同感。他写道："他们普遍使用大蒜和洋葱做饭，因此，所有的房间，包括克里姆林宫奢华的寝室，都散发出我们德国人讨厌的气味。"他接着变本加厉地说："用餐之后，他们从始至终不加克制地释放自然产生的气息，不在乎有人在场，也不在乎被人听到。因为吃了很多大蒜和洋葱，这种气息总是陪伴着他们。"他的一个同伴甚至做了一首打油诗："教堂，圣像，十字架，钟声，涂脂抹粉的妓女和大蒜的臭气。罪恶和伏特加遍地，这就是莫斯科的印迹。"我的一个朋友把最后一句改成了"这就是我的城镇"。

大蒜在俄罗斯如此珍贵，以至于在17和18世纪的西伯利亚，可以用大蒜付税。税率为男人每人15头大蒜，女人每人10头大蒜，孩子每人5头大蒜。可别指望让美国国税局尝试这种方法。

正如一位美国见证人所著的第一本烹饪书中所说的那样，在早期的美国，大蒜的医疗作用并没有使之受到早期清教徒定居者的喜爱。这本书出版于1798年，被冠以一个庞大壮观的书名《美国烹调术，或一位美国孤儿阿米莉娅·西蒙斯所著的各种调味料、鱼类、家禽和蔬菜的烹调术，制作酱类、糕饼、馅饼、水果派、布丁、蛋奶糕和腌制食物，以及各式各样蛋糕的最佳方法……适合各个阶层的美国人》。作者表达了美国人对大蒜的流行看法，她强调说："大蒜（虽然被法国人用于烹调），但是更适合于医学用途。”

18世纪末和19世纪初，因为上流社会醉心于使用富有异国情调的调料和复杂的烹饪方法，大蒜得到了短暂的救赎。第一夫人玛莎·华盛顿在其收集的家庭食谱《烹饪书》中包括了大蒜土豆泥和大蒜羊骨。但是，殖民地上流社会厨艺的顶峰则体现在托马斯·杰弗逊的游记和厨房之中。杰佛逊是公认的美国第一美食家。他在法国居住了五年，对其传统厨艺极为热心，甚至安排他的奴隶詹姆斯·海明斯学习法国厨艺。海明斯为杰佛逊在巴黎准备奢华的宴会，并且将自己在法国所学全部传授给蒙蒂塞洛的厨师，之后获得人身自由。杰佛逊的对手约瑟夫·丹尼非难这位总统说：“他的理念纲领过于倾向巴黎，被加入了过多的法国大蒜。他冒犯了整个国家。”

虽然有关杰佛逊在白宫的饮食记载出奇的少（但他把所有其他的事情都记录下来了），但我们还是了解到，在总统的餐桌上，鹿肉是使用了大量的大蒜做佐料的。当退休回到蒙特捷娄的时候，他更喜欢蔬菜而不是传统的肉类，更喜欢低度的法国红酒而不是乔治·华盛顿钟爱的过于甜腻的马德拉白葡萄酒。在他的蒙特捷娄花园里，杰佛逊种植了250多种蔬菜，很多是进口品种，包括托斯卡纳大蒜。花园的负责人彼得·乔纳森·哈奇兴奋地称之为外来植物的“爱丽丝岛”。

杰佛逊的表妹玛丽·伦道夫是位著名女性，她所著的《弗吉尼亚家庭主妇》是当时最畅销的烹饪书籍之一。伦道夫被认为是弗吉尼亚的最佳厨师。她在做菜时必定使用大蒜和另外几种药草，不仅包括弗吉尼亚特产，还包括英国、法国、西班牙的食材，还使用印度的咖喱。她在烩牛肉中加入两头大蒜的惊人之举（在当时）可能是受到了前白宫厨师奥诺雷·朱利安和总管艾蒂安·拉迈尔法式厨艺的影响。伦道夫送给杰佛逊一本自己的书，杰佛逊的女儿和孙女都经常用书中的四十多个菜谱做饭，其中包括大蒜烧牛肉。大蒜烧牛肉是杰佛逊喜爱的菜肴之一。通过对杰佛逊花园和伦道夫的烹饪技艺的大致介绍，可以看出弗吉尼亚人比他们新英格兰和大西洋中部的同胞更喜欢口味浓重的饮食，但是这种状况并没有持续太久。因为清教徒认为大蒜只适合信奉天主教的法国人和意大利人，受其影响大蒜的使用在后来的二百年内在北美转入了地下。

在阿米莉娅·西蒙斯贬低大蒜大约一个世纪后，一位纽约肉商托马斯·德沃在他的著作《市场助理》中指出，“大蒜是洋葱的一种，味道辛辣，气味极坏”，同时他也承认了大蒜的法国渊源，他说：“大蒜在法国被用于大量菜肴之中，可以做调料，也可以做汤、炖菜和其他菜肴，还有很多医疗作用。”

虽然大蒜有医疗功能，但大洋彼岸的人们并不比大洋此岸的人更喜欢它的味道。1861年，伊莎贝尔·比顿写作了《家务管理手册》，这是一本关于如何恰当管理一个维多利亚家庭的富有影响力的有指南意义的著作。伊莎贝尔·比顿在书中声明：“普遍认为，大蒜的气味是令人讨厌的。”华特斯夫人所著的《厨师十日谈：包括200种意大利菜谱的味觉研究》于1901年在伦敦出版，书中包括我一直喜爱的菜谱，即华特斯夫人的73号菜谱：炖牛肉。这个菜谱要求把一瓣大蒜切开，放进锅里五分钟后再取出。这使我想起了一位著名厨师的故事，据说，这位厨师先咀嚼一瓣大蒜，然后对着食物吹气，使其味道美妙。1944年，乔治·奥威尔在其论文《英国人民》中这样总结他的同胞：“通常，他们认为大蒜和橄榄油之类的东西是令人恶心的，对他们来说，如果没有茶和布丁就会活不下去。”

来到美国：大蒜的移入

20世纪30年代，当沙拉开始流行的时候，大蒜在美国人的厨房里的确热闹过一阵子。大家对大蒜的冲动是静悄悄开始的。这个时期的《好管家》杂志上发表了几个沙拉菜谱，对厨师提出如下劝告："不要忘记用蒜瓣（用叉子叉住）擦拭碗的内侧，以增加美味！"这个建议在大洋彼岸也受到欢迎，并给了英国美食作家伊丽莎白·大卫发挥机智的机会："在这个国家，对大蒜所持的假正经和恶作剧的态度导致了一种迷信，认为在把沙拉放进碗里之前用大蒜擦拭碗会得到足够的美味。这要看你是准备吃这只碗还是吃沙拉了。"

大蒜在或许是世界上最著名的恺撒沙拉中，脱颖而出成为主要角色。大部分历史学家都认为，恺撒沙拉是一位意大利移民恺撒·卡尔迪尼于1924年在墨西哥的提华纳发明的。那是一个美国国庆节的周末，卡尔迪尼的饭店里出现食物短缺，但是却面对着大批来自边境对面来庆祝节日的美国人，因为这里没有禁酒令的限制。

为了减轻厨师们的工作量，卡尔迪尼把厨房里所有的材料都组合到一起，发明了一个侍者们在墙边桌子上就可以制成的沙拉。这个沙拉是在生菜上面浇上蒜泥、白水煮蛋、橄榄油以及由辣酱油调制而成的酱料，再撒上意大利干酪和蒜味油煎面包块。这种沙拉一举成功（特别是像克拉克·盖博和威廉·克劳德·邓肯菲尔德这些好莱坞巨星，都愿意成群结队地去提华纳，既可以逃避禁酒令，又可以享用美味）。甚至连朱丽娅·恰尔德在其最初的记忆中，也包括与父母一起从圣地亚哥驱车去提华纳享用恺撒沙拉。她曾写道："在一个沙拉中放两个鸡蛋？两个只煮一分钟的鸡蛋？还有蒜味面包块、意大利碎干酪？一个沙拉在全国引起了轰动，它的成功甚至传到了欧洲！”20世纪30年代，恺撒沙拉被国际美食家协会的顶级厨师们选为“五十年里源自美洲的最了不起的菜肴”。

虽然大蒜有了突破性的表现，但要获得体面仍然有待时日。在1927年出版的《厨师的探索》一书中，路德·耶利米·戈特弗里德夫人开篇就哀叹道：“在美国，大蒜是不受欢迎的。这种观念是对大蒜及其食用大蒜的国家的侮辱。”这位有争议的作者真的是超越了她的时代。

弗兰克·卡普拉的经典电影《生活多美好》阐释了20世纪中叶的美国人对大蒜食用者所持的偏见态度。在电影中，由李昂·巴里摩扮演的该镇最有实力的银行家波特先生对少数族裔缺乏信任，在吉米·史都华扮演的乔治·贝礼向镇里的移民提供贷款之后，他把意大利社区称为“乔治·贝礼的大蒜食用者”。甚至美国伟大的棒球手乔·迪马乔也不能脱俗。1939年《生活》杂志的一份资料宣称，这位出生于加利福尼亚的强击手“很适应美国大多数人的观念”，他“不用橄榄油，而是用水把头发捋平，身上从来没有大蒜的臭味”。

著名美食作家、美国驻法国新闻记者韦弗利·路特记录了大蒜在美国被逐渐接受的过程。他在论文集《食品》中写道：“在1927年我离开美国赴法之前，吃大蒜会被人瞧不起。1940年我回到美国的时候，不吃大蒜会被人瞧不起。”20世纪40年代，普罗旺斯菜肴开始受到欢迎，大蒜在高档餐厅中被逐渐接受了，但大蒜真正被食客接受还要等到20世纪五六十年代。

“一开始的时候，来了个比尔德。”朱丽娅·恰尔德的咏叹众人皆知。詹姆斯·比尔德是于1937年从俄勒冈州的波特兰移居到纽约的。他意识到自己永远也不可能成为一个伟大的演员，于是就开了一家餐饮

店，并且开始写作烹饪书。他的写作风格随意而活泼，一改其前辈们那种职业化的、家政服务式的语调。比尔德酷爱吃喝玩乐，这可以从他那300磅重的体型上得到证实，克雷格·克莱伯恩把他描绘成“大熊猫、圣诞老人和愉快的绿色巨人的三位一体”。

第二次世界大战期间，在美国海员服务部服役的比尔德先后被派往波多黎各、里约热内卢、巴拿马和马赛。美国海员服务部是为了令上岸度假的海员有“异国家园”般的感觉而设立的。比尔德对此如鱼得水。他在每个城市都会雇佣当地厨师并且亲自管理厨房。这段经历使他接触到了新的烹调风格、新的烹调材料和新的烹调方法，然而，对他产生最大影响的还是在马赛期间。如他的传记作家伊万·琼斯所说：“普罗旺斯料理把大蒜作为根本要素的事实比任何其他方面对他的诱惑都大。”比尔德为法式浓味鱼、马铃薯鳕鱼羹和柠檬罗勒大蒜烤鸡而心醉神迷。大蒜在普罗旺斯被认为是块菌，比尔德从马赛回国的时候，带回来两个大蒜食谱，成为他日后的招牌。第一个菜是具有传奇色彩的用四十瓣大蒜炖的鸡腿。比尔德在课堂上传授这道普罗旺斯菜肴许多年，原因是“大蒜在被煮透之后竟会变得异常清淡滑腻，永远都会使学生们瞠目结舌”。（贝蒂·福塞尔在所著的《美国厨艺大师》中写道：“在20世纪50年代，在一个食谱中使用40瓣大蒜所需要的勇气无疑是巨大的。”）如今，这个菜肴已经在逾越节大受欢迎，犹太厨师们说，40瓣大蒜象征着以色列人40年的流浪生活。

第二个菜是马赛大蒜羹，是用30瓣大蒜和鸡、鹅、猪的肥肉制成的（在一个完美的世界）。他担心读者会用更方便得到的大蒜粉代替新鲜大蒜，于是警告说：“这个汤浓郁美妙的口味靠大蒜粉是永远达不到的。因此，还是把那些替代品留在架子上，带着厌恶的表情看它们一眼，然后忘掉它们。”詹姆斯·比尔德，感谢你。

在1961年出版的《掌握法国厨艺》中，朱丽娅·恰尔德与本书的另外两个合著者西蒙·贝克和路易赛特·贝尔托勒向读者们介绍了大量辛辣的大蒜菜肴，这些菜肴是之前不可能在美国郊区餐桌上得宠的。突然之间，维斯切斯特的家庭主妇们开始烹制土豆泥（用30瓣大蒜制成的大蒜土豆泥），还有经典的普罗旺斯菜肴，如普罗旺斯香料嫩煎鸡（以药草、大蒜、蛋黄和奶油沙司为佐料煎制的鸡肉）、蒜泥蛋黄酱、大蒜羹和普罗旺斯鱼汤（用蒜酱、青辣椒和红辣椒熬制的鱼汤）。自殖民地时期以来，美国人在吃烤小羊腿的时候一直蘸薄荷酱，而如今却突然开始用恰尔德介绍的用整头大蒜做成的奶油大蒜酱做调料。

当恰尔德和比尔德在美国对家庭厨艺进行革命性的突破的时候，伊丽莎白·大卫也正在英格兰引发一场对麻木味觉的味蕾战争。1950年，她出版《地中海美食》一书，使大蒜在英格兰找到了立足点，人们广泛赞誉这是“一个大蒜的宣言”。在法国出生但主要生活在伦敦的美食家和烹饪书作者马塞尔·布莱斯坦在本书前言中写道，“并不夸张地说，和平和幸福是从大蒜被用于烹饪的地域开始的”。此言不虚。

布莱斯坦本人在大卫之前写作过一些烹饪书籍，试图向英国人介绍简单的法国厨艺。这些书很受欢迎，但是他对待读者非常谨小慎微，在菜谱中只要求加入“一小片蒜”或者“一小点儿（很少的一点儿）蒜末”。在一个菜谱中，布莱斯坦甚至告诉读者“加入欧芹和大蒜，如果不喜欢蒜味，就不要加大蒜”。

大卫的第一本书面世的时候，英国人还在把外国饭菜看成是“肮脏不洁的”，他们唯一可以买到橄榄油的地方是药店，在那里，橄榄油被标明“仅供外用”。在战时食品配给制的末期，在英国人厨房出现的富有异国情调的地中海烹饪原料只有橄榄油、番红花、罗勒……是的，还有大蒜。《地中海美食》一书的面世恰逢其时。

大卫传授给英国人充满阳光的大蒜气息的美食，比如鹰嘴豆泥、西班牙凉菜和蹩脚的炖菜，从而启发了英国厨师、伦敦的标志性饭店河上咖啡酒店的罗斯·格雷和路德·罗杰斯，还启发了名厨妮琪拉·劳森和杰米·奥利佛。大卫还对创办了伯克利具有传奇色彩的潘尼斯之家饭店的爱丽丝·沃特斯产生了不可磨灭的影响。沃特斯过去是现在仍然是全国极力倡导食用地方的、有机的和应季食材的人之一……她还是第一批提供烤整头大蒜的饭店老板之一。

潘尼斯之家的种子是伯克利大学的学生沃特斯在巴黎索邦学习的时候种下的。她在那里被法国美食所陶醉，从而孕育出开一家咖啡店的想法。回国后，她决定从学习大卫的《法国地方厨艺》开始。后来，博客作家朱莉·鲍威尔从学习朱丽娅·恰尔德的《掌握法国厨艺》起步，大致也经历了相似的过程。所以，远在博客存在之前，就有了“爱丽丝与伊丽莎白”，而且《朱莉与朱丽娅》成为一本畅销书，并且被拍成了好莱坞电影。沃特斯是通过他们共同的朋友理查德·奥尔尼认识她未来的导师的。理查德·奥尔尼是在爱荷华州出生的才华横溢的亲法派作家，他的第一本烹饪书《法国食谱》被一批英国厨师和美食作家宣称为有史以来的最佳美食书。（大卫的《法国地方厨艺》名列第二）。沃特斯首先会承认的一个事实是：没有大卫和奥尔尼，可能就不会有潘尼斯之家。

鉴于沃特斯选择导师的倾向，那么她把大蒜看作是“生活的调味品”，并且愿意把大蒜汤作为与亲朋聚餐时的最后一道菜就不会使我们感到奇怪了。（奥尔尼的美味大蒜汤是用鸡蛋和帕玛森乳酪来加重味道的，这是有书面记载的最佳菜谱之一，其散发出的大蒜气味足以引起一个埃及法老的注意。）

在像法国洋葱片、烤丸子和跳跳糖这些厨艺创新还在美国其他地区大受欢迎的时候，沃特斯与她的潘尼斯之家的同事们就在1975年举办了第一届大蒜节，这也是不足为奇的。第一届大蒜节为期一周，特色是在每一道美味佳肴里都有大蒜。第一届大蒜节，沃特斯没有在甜点里加大蒜，只是提供了大蒜形状的蛋白酥皮卷。但在后来的大蒜节甜点中则包括了糖渍柠檬皮和大蒜在内的橙子蜜饯，还有由大蒜酒制成的水果冰淇淋。潘尼斯之家的大蒜盛宴已经成为一个传统节日，每年在巴士底日（7月14日，为法国国庆日）举办。大蒜节正好在加利福尼亚收获大蒜的季节举办是经过深思熟虑的。

关于大蒜压榨器的激烈争论

在烹饪界，围绕是否应该使用大蒜压榨器的争论与关于进化论的争论一样激烈。大家情绪激奋，众说纷纭，宛如诸神交战时发出的布告。提倡者认为，压榨器将蒜瓣的细胞壁粉碎得更充分，使大蒜的味道更清淡美妙。《配图厨师菜谱》杂志的编辑们确信："一个好用的大蒜压榨器能更细致、更均匀地粉碎大蒜，这就意味着可以在任何菜肴中更好地利用大蒜的味道。"在1961年出版的《掌握法国厨艺》中，朱丽娅·恰尔德声言大蒜压榨器是个"令人惊叹的发明"。1995年在《朱丽娅厨房名厨会》一书中讨论到如何制作蒜泥的时候，她说："可以用大蒜压榨器，但是至少某些美食家是绝对否认这一点的，没有任何人，也没有任何厨师会使用这个工具。因此，让所有人都了解并且能够运用完美的手工技艺就成为理所当然。实际上，在你需要处理几瓣大蒜的时候，手工会更加快捷便利。”

大蒜压榨器的反对者们是一帮嗓门更大的人。安东尼·布尔丹对压榨器和对大蒜犯罪般的滥用一样反应强烈。他称大蒜压榨器为“令人恶心的东西”，并且说，“我不清楚从那东西里挤出来的是什么垃圾，但那不可能是大蒜”。铁人厨师迈克尔·西蒙承认自己想“干掉那个发明大蒜压榨器的家伙”。潘尼斯之家的爱丽丝·沃特斯认为没有任何理由在大蒜压榨器或其他任何奇思怪想的小器具上浪费金钱。她推荐使用研钵和研杵制作蒜泥，还提供了“法国老奶奶餐叉法”：“把叉齿抵在切菜板上，然后在叉齿上来回擦大蒜，这样可以很快做成蒜酱。在我小的时候，我妈妈告诉我说，《纽约时报》的美食作家和烹饪书作家克雷格·克莱伯恩反对使用大蒜压榨器，说压榨器会使大蒜变苦。”1986年，英国烹饪书作家伊丽莎白·大卫在一期《闲谈者杂志》上专门发表了一篇关于大蒜压榨器的论文，题为“毫无用处的大蒜压榨器”。网络美食明星和烹饪奇人奥尔顿·布朗响应大卫的说法，称大蒜压榨器是“彻头彻尾的毫无用处”。大卫还说：“我还想说的是，我认为大蒜压榨器既荒唐可笑又可悲可怜，其效果与购买它的人所想要的效果正好相反，从大蒜中榨出蒜汁不会降低其效能，而是会浓缩和加强大蒜的味道。”

不同种类的大蒜

当给予大蒜辛辣味道的硫化物互相反应的时候，天然氨基酸会使大蒜产生无害的绿色素或者紫色素。绿蒜比白蒜的味道更强烈，因为其中含有更多的芳香硫化物。化学上，这些色素与赋予叶子以绿色的叶绿素有关。如果储存在有光的环境下，大蒜也可以生成叶绿素。叶绿素是无害的，但会使大蒜变苦，所以最好还是在黑暗通风的地方储存大蒜。

老蒜比新蒜更容易变色。洋葱中含有一些与此相同的化合物，把洋葱和大蒜放在一起烹调，洋葱往往会变成翠蓝色。（这是印度厨师不把大蒜和洋葱放在一起捣碎的原因之一，他们是先放洋葱，再加入大蒜。）另一种防止大蒜变色的方法是避免在一开始烹调的时候就加入醋一类的酸性物质，因为那样会激活化学反应。

虽然多数人都回避变色的大蒜，但是中国北方的人们却会制作一种特殊的叫作腊八蒜的淡绿色大蒜，在过春节的时候食用，认为可以带来吉祥。自己制作腊八蒜，需要把三头大蒜存放几个月，使其老化。然后剥去蒜皮，把蒜瓣放入带盖的瓶子，加入一汤匙糖和一杯米醋，把瓶子封口，存放在阴凉之处。两个星期后，大蒜已经变成绿色。腊八蒜是和饺子一起食用的。

酷爱大蒜的朝鲜人发明了黑蒜，这是一种基因独特的六瓣大蒜，神秘主义者宣称黑蒜可以赋予女人以超能力，并使她们得到永生。如今，人们虽然对永生的说法表示怀疑，但仍然在用一种古老的植物学方法培育黑蒜。这种方法是：把大蒜放在陶罐里，在凉爽的环境下存放几个月使其老化。变黑的蒜瓣有着一种独特的甜味，就像用香醋腌制的烤蒜的味道。黑蒜以其复杂微妙的鲜味而受到好评，被称为第五种味道（另外四种味道是甜、酸、苦和咸）。“鲜味”被翻译成“可口美味”，因其增强和弥补其他原料口味的能力而广为人知。

黑蒜也流行于日本，在北方的青森县兴起。费兰·阿德里亚在日本旅行的时候发现了黑蒜，并在他的烹饪圣殿牛头犬餐馆首次制作。黑橄榄

实际上是用黑蒜加工而成的，黑色番茄是在表面涂抹一层用厚油制成的黑蒜泥。最近，阿德里亚的兄弟在巴塞罗那融合秘鲁菜和日本菜，开了一家联合饭店，其中一个招牌菜就是诺布风格的黑色味噌烤鳕鱼。

2009年，黑色菜肴成了美国吃货们的最爱，并且继续吸引着富有革新精神的美国厨师的注意力。因为传统的生成程序是个讳莫如深的秘密，所以生产商和厨师们要发明自己的秘方。布鲁克林教区酒店厨师埃文·汉科则制作出了自己的黑蒜，并说明其独特的魅力："味道浓郁，层次丰富，回味悠长。具有褐色焦糖和巧克力的特点，有点儿苦，又有点儿甜，口味鲜美，真是妙不可言！"汉科供应用黑蒜酱、杏仁、可可粉和迷迭香烘烤出来的芹菜根。在布兰卡和布鲁克林，糕点师凯蒂·佩兹做出了一种在咯来末拉搭启发下研制的西芹蛋糕，内含茴香黑蒜冰淇淋、梅耶柠檬格兰尼塔冰糕和西芹橄榄油碎末。佩兹说："对于通常不会把这种食物与甜点联系在一起的人们来说，（黑蒜）带来的是一种几乎令人烦恼但又感到可爱的感受。"[1]海鲜餐厅的厨师艾瑞克·里佩特是早期的粉丝之一，他在美味的海鲜料理中继续使用黑蒜。速腌鲕鱼是与黑蒜柑橘酱一起上桌的，烧章鱼则是和鲜味绿橄榄和黑蒜酱一起食用的。

旧金山魔咒餐厅的克里斯·科森蒂诺在铁厨大战中与马里奥·巴塔利对决的时候，做出了用八十瓣大蒜焖炖的猪肚，与玉米粥、鸭油炸肚一起食用。有人认为美国人在跳上大蒜花车之后走得越来越远，已故的了不起的马尔切拉·哈赞就是其中之一。在1973年出版了传奇性的第一本著作《传统意大利食谱》之后，哈赞被广泛认为是"意大利

[1] 哈切特·卡罗琳《黑蒜的肮脏秘密与浓郁味道》。

厨艺的朱丽娅·恰尔德”。当被问及如今美国的意大利厨艺出现了什么问题时，她说：“大蒜太多了，盐太少了，现在橄榄园餐厅的菜肴大多如此。”

实际上，总是以大蒜酱和法式棒形面包为主的橄榄园餐厅的员工们可能比哈赞所意识到的走得更远。在2000年的一份题为《大蒜面包在家庭沟通中的作用》的研究报告中，嗅觉与味觉治疗与研究基金会的神经病学主任阿兰·赫希说：“大蒜面包的气味可以把家庭成员的沟通积极性提高68.4%，而其味道可以把交流的愉快程度提高99.4%左右。”

远离难堪：大蒜气味对治

任何关于大蒜的书都不会忽略给热爱大蒜的人带来苦恼的最常见的问题：大蒜味。有些大蒜爱好者认为大蒜味是光荣的标志，但这一部分的探讨是为那些不这么想的人提供的。下面是消除大蒜味的一些常用的方法。

嚼口香糖可以增加口中唾液，减轻口臭。额外的唾液可以冲洗掉细菌和挥发性的硫化物。精油也可以杀死带来口臭的细菌，所以，使用含有肉桂、辣薄荷和绿薄荷油成分的口香糖和漱口水会特别有效（口味也不错）。因为柠檬酸的作用，在吃大蒜之后吃一些苹果、橘子、柠檬或甜瓜也能增加唾液，保持口腔湿润。

绿茶和黑茶中含有一种叫作多元酚的强大的抗氧化剂，可以抑制细菌的生长和大蒜产生的硫化物。其他植物中的化学物质，比如叶绿素，可以结合大蒜中的硫化物，消除大蒜气味。罗勒、麝香草、芫荽、薄荷、土茴香和西芹都具有相近的功效。

俄亥俄州立大学食品科学系的研究者雪若·巴林杰和阿瑞拉特·汉森诺布鲁姆发现，混合脂肪和水是去除大蒜挥发性化合物气味的最佳办法，这使牛奶成为消除蒜味的有力武器。因为脂肪的作用，喝全脂牛奶比喝脱脂牛奶或只喝水的效果更好。研究者们指出，在吃大蒜之前喝牛奶比吃大蒜之后喝牛奶的效果更好。研究者们还发现，六盎司酸奶可以降低氢化硫，克制大蒜气味。巴林杰还说，大蒜与苹果、罗勒、菠菜和西芹一起食用时可以减少大蒜气味，但前提是“必须把它们和大蒜一起食用”。

含有姜黄的芥末有助于消除大蒜味，因为姜黄中含有抗氧化的姜黄素。（警告：这样做确实是有效的，但是即使对喜爱芥末的人来说这也有点儿困难。我就是这样。）方法是：用一茶匙芥末漱口一分钟然后吐掉。再吞下半茶匙芥末来杀死胃中的细菌。这样做有一个附加的好处，因为姜黄素有消炎作用，所以人们认为它具有防癌和改善记忆力的作用。在印度饮食中普遍使用姜黄素，有些科学家认为这可能有助于说明印度人老年痴呆症发病率低的原因。

用速溶咖啡漱口再吐出来也是一个办法，而且，因为咖啡豆有杀菌功能，所以嚼咖啡豆也可以消除大蒜味。喝浓咖啡可以减少大蒜气味，但前提是咖啡中不能加乳脂和糖，它们会催生细菌和加重口气。

嚼百香果、丁香籽、肉桂条、豆蔻荚和茴香籽可以减少口臭，因为它们含有丁香酚化合物，这是丁香油中的活跃成分。“从前，仇视大蒜的清教徒们嚼茴香籽，称其为‘会面的种子’。”据说，他们用茴香籽抑制食欲，但也可能用于掩盖在漫长的教堂礼拜开始之前所喝的威士忌的气味，带有酒气进教堂是被禁止的。按照艾特金斯饮食法进行的节食者所说，吃一片面包也可以减轻大蒜味，因为缺少碳水化合物也会引起口臭。

在水里混合半茶匙醋或小苏打也管用，但最好的办法是喝酒——酒精可以杀死细菌，消除口臭。伏特加是最受欢迎的，因为喝后酒气不会存留太久。不然的话，有可能消除了大蒜味，却带来了酒气。你可以快饮一杯，也可以调一杯伏特加鸡尾酒（但要避免含糖鸡尾酒，因为糖分加重口臭）。你还可以用一杯伏特加和九汤匙肉桂粉调制漱口水。这种混合物需存放两个星期，以便肉桂粉彻底溶解在伏特加酒中（这也是极好的睡前饮料）。

第三章　高风险与爱之魔力：传奇中的大蒜

在罗马尼亚传统中，大蒜用于防范吸血鬼；在犹太传统中，把装有鸡油的容器放在桌子上，一旦吸血鬼突破了大蒜的防范，鸡油会使它心痛。

——加尔文·特里林《爱丽丝，让我们享受美食》

穆罕默德在描写被赶出伊甸园的撒旦的双足时，把大蒜和撒旦画了等号。先知说，大蒜是从撒旦放右脚的地方生长出来的，洋葱是从他放左脚的地方生长出来的。穆罕默德虽然珍视大蒜的医疗作用，却不愿意让大蒜的气味在清真寺院中迷漫，因而有针对性地发布了四项圣训。在伊斯兰教信仰中，大蒜代表着一种德行（指不洁、卑贱和邪恶）。先知宣布，“吃过（生）洋葱、大蒜或韭葱的人不能接近我们的清真寺院，因为天使也会被亚当子孙的大蒜的强烈气味所触怒”。如果大蒜煮过之后气味消失了，则是可以食用的。假如阿拉的信使在清真寺偶然发现带有大蒜的讨厌气味的人，会命人把此人带出清真寺，送往阿尔巴给墓地！要是今天，穆罕默德会把全国的人都送往墓地，因为中东的大街小巷都飘荡着由成千上万个沙拉三明治和鹰嘴豆泥小摊所散发出的大蒜气味。

历史上，时常出现把坏气味和道德败坏、好气味和道德清廉联系到一起的思想。在圣经启示录中，魔鬼以其硫黄气味儿而闻名，他还被永久地抛入硫黄烈火之湖。硫黄石是古代硫黄和硫化物的名称，是大蒜气味的来源。公元447年之前，魔鬼一直是个无定形的概念，直到列奥一世领导的托莱多会议第一次对其物理形式进行了描述：巨大的、黑色的、带角的、偶蹄的幽灵，有着巨大的阴茎，散发着硫黄味的恶臭。

人们认为香味与健康生活和安全饮食相关，臭味则与疾病、衰败、堕落和死亡相连。清教牧师托马斯·曼顿说："那些不热爱精神和神圣事务的人，比如叛逆的以色列人，更渴望埃及的洋葱和大蒜，而不是希望之乡的牛奶和蜂蜜。"中世纪关于恶臭的犹太人的观念，就是把硫黄味的魔鬼和卑劣的、散发着大蒜气味的犹太人联系在一起，并且把他们和纯洁的、散发着香味的（和受过洗礼的）基督徒区分开来。在这个时期，神圣罗马帝国的德国城镇斯派尔、伏姆斯和美因兹是最重要的犹太人居住地区。这三个城镇共同被称为Shum（热爱大蒜的希伯来人），该词来自希伯来城镇的首字母。13世纪的奥地利诗人塞弗雷德·何普林写道："从来找不到一个大得连30个犹太人都不能充满他们的恶臭和无信仰的国家。"有人相信皈依基督教和受洗礼可以净化犹太人，消除他们"与生俱来的臭味"。[1]

---

[1] 这里仅举一例。见1890年《犹太研究评论》中拉比·以色列·李维的文章《传奇的犹太人》。

大蒜与反犹太主义

在整个19世纪至20世纪初，德国及其他地区的反犹太主义运动愈演愈烈，纳粹诉诸科学来解释“犹太人的气味”。1938年第三帝国时期，前威廉皇帝学会会长，医生奥特玛·冯·维斯彻尔男爵研究“犹太人种族生物学”。在期刊《犹太问题研究》中，维斯彻尔写道，犹太人散发着大蒜味，“尤其是女性的汗腺，在有色人种和犹太人中可能是最发达的”。这样，大蒜就永久性地和犹太人联系到一起，纳粹发行带有蒜头图案的纽扣，以便佩戴者可以传播狂热的反犹太主义情绪。按照历史学家马克·格劳巴德的说法，“只要演说者一提到大蒜，就会引起听众仇恨的狂怒喧嚣”。

赛法迪犹太人（来自安达鲁西亚）甚至利用大蒜来诋毁北欧的阿什肯纳兹犹太人。拉比迈蒙尼德是公认的最伟大的中世纪犹太哲学家，逝世于1204年。他在给儿子的信中写道：“要守护你的灵魂，不要看阿什肯纳兹拉比写的书，他们只有在吃用醋和大蒜调味的牛肉的时候才相信上帝。他们相信醋和大蒜的气味会使他们明白上帝就在身边……我的儿子，你应该只与我们的赛法迪兄弟们愉快相处……因为只有他们才有头脑、有智慧。”迈蒙尼德从先知以斯拉的十项律法中采纳了九项，自然忽略了鼓励在安息日吃大蒜的那一项。

在世界上其他一些宗教传统中，可以看到大蒜与地狱和道德堕落的关联。古希腊牧师不允许任何吃过大蒜的人进入生殖女神西芭莉的神庙。大蒜被认为是黑暗女神赫卡忒的神圣植物，是“赫卡忒的晚餐”。有三个脑袋的赫卡忒雕像被放在十字路口，人们用大蒜献祭，这样可以在旅途中得到她的庇佑，也可以驱赶可能跟踪他们的恶魔。献祭要在满月前夕的午夜完成。人们把大蒜放在一堆石头上，然后迅速离开，不可以回头看。

屠魔者

虽然大蒜因其强烈的硫黄味道而被与魔鬼联系在一起，但是这种气味也是大蒜成为辟邪物的原因之一。有人说，大蒜有趋避邪灵的力量。在古梵文著作中，大蒜被看作“屠魔者”，因为它长期以来一直保护着人们不受魔鬼和邪灵的侵害。在古埃及，大蒜的治疗功能广受重视，其声誉传遍欧洲等地，同时，其保护人们不受超自然力量侵害的能力也广为人知。因为人们并不清楚大蒜为何起作用，所以就把它的能力归因于魔法。在古希腊，上流社会认为大蒜的味道粗俗，但他们很重视大蒜保护人们不受女巫、男巫和野牛侵害的能力。准父母们会在产房和新生儿的床上挂上大蒜，使孩子不受巫婆侵扰。在荷马的《奥德赛》中，大蒜使尤利西斯免遭女巫色西的侵害，而他那些没有吃大蒜的伙伴则被变成了猪。在《金羊毛》中，美狄亚用大蒜掩盖了伊阿宋和他的武器，使他免遭她父亲的喷火公牛的攻击。

在中世纪，疾病往往被看作邪恶的显现，因为草药是与良好的精神状态联系在一起的，所以大蒜被认为是抗击黑暗力量的有力武器。大蒜的净化功能也源于其强烈的气味，人们认为大蒜可以赶走人体内导致疾病的邪恶体液。

法国的亨利四世是用大蒜洗礼的，这样可以使他远离疾病，不受邪灵侵害，他终生钟情于大蒜。国王的绰号是“大蒜之王”。据说因为他每天吃太多大蒜，所以浑身上下每个毛孔都散发着大蒜的气味，一位同时代人说他的气息可以“在20步之内熏倒一头牛”。说到他与妻妾们的风流韵事，我们只能认为相对于对大蒜气味的抵触，那些宫廷女性更欣赏大蒜所谓的催情作用。

在古代，朝鲜人相信老虎讨厌蒜味，所以在穿山越岭以前要吃腌蒜来趋避老虎。非洲人用大蒜驱赶鳄鱼。（我还没有发现用大蒜可以驱赶老虎或鳄鱼的证据，也不想验证这种假设。）德国矿工为了免遭邪灵侵害就把大蒜带进矿井。西班牙斗牛士为了免受狂怒的公牛的攻击把蒜瓣带进斗牛场。

古人相信大蒜的气味可以破坏罗盘的磁性，这使水手们相信大蒜可以使他们免遭海难，这一信仰一直延续到7世纪初期。我们听说过英国舵手因吃蒜而遭到鞭笞的报道。学者吉安巴蒂斯塔·德拉·波尔塔询问水手们他们是不是真的被禁止吃洋葱和大蒜时，他们告诉他，那是无稽之谈，如果不吃洋葱和大蒜的话，这些大海之子们会更快丧命。

趋避恶毒的眼光

在全世界范围内，人们都相信大蒜可以趋避恶毒的眼光，这种眼光是充满嫉妒、敌意或贪婪的，据说会带来疾病或厄运。一个普遍的说法是美丽的孩童会吸引恶毒的眼光，因此，在强烈相信这个说法的地中海地区，为了保护孩子，母亲们会在口袋或手提包里带上大蒜。当一个赛法迪犹太人的孩子受到称赞的时候，他的母亲会说：“让他去见大蒜吧。”有一句土耳其格言甚至说：“大蒜与丁香，赶走恶毒的眼光！越早越好！”我想，用土耳其语说这句话，一定更加悦耳动听。

带来好运

当今，大蒜代表着好运和有福气。欧洲的赛跑者相信比赛之前用大蒜摩擦身体能使竞争者追赶不上。在匈牙利，骑师们在赛马身上摩擦大蒜，认为蒜味可以驱赶其他赛马，这样骑师与他散发着大蒜味的赛马便可最先越过终点线。伯利兹的出租汽车司机在仪表盘上放置蒜瓣，以招来好运和金钱。梦见房中有大蒜被认为是幸运的，而梦见吃大蒜则表示好运离你而去。有人相信，如果一个年轻女性梦见吃大蒜，表示她寻求的是有安全感的婚姻，而不是有爱的婚姻；梦见穿过一片蒜地，预示着你会脱贫致富。（希望自己能梦见穿过蒜地。）

示爱

最初的婚礼花束和花环带有蒜头，这是为了驱赶无处不在的邪灵。最初婚礼上布置鲜花是在古希腊，那时新娘要佩戴用鲜花、药草和蒜头编织的花冠。古罗马时代，新娘和新郎都要在脖子上佩戴散发着浓烈花香、蒜香和药草香气的花环，象征着长寿和生育能力。在传染病肆虐欧洲的中世纪，新娘要手拿大蒜和药草做成的花束，用它捂住嘴和鼻子，以此来趋避疾病。在今天的巴基斯坦仍保持着一个传统，新郎在扣上戴一瓣大蒜，以确保新婚之夜如愿以偿，而瑞典新郎为了避免遭受恶毒眼光，会在衣服上缝上一瓣大蒜和一枝迷迭香。

在压抑的维多利亚时代，男女用互送鲜花的方式传递私情。大蒜可以代表一切，可能是勇气、力量和保护作用，也可能是“我对你是彻头彻尾地不感兴趣”“你让我无法忍受”“我觉得你是邪恶的”。究竟是哪一点人们难以把握。在吉尔罗伊大蒜节上，一种大蒜－玫瑰香水的促销用语是："他可能忘记你的名字，但他会记住你曾经的存在。"

吉普赛人的爱情魔咒是让害相思病的人在一个红色陶罐里种植大蒜，同时念叨他们爱恋的人的名字。在每天的日出日落时分，这个人要给大蒜浇水，并且念下面的咒语："让（×××）的心随着植物根系的生长转向我。"有些魔咒还要求施咒者献出自己的一滴血。

如果魔咒生效而你却厌倦了，你可以用下面的方法摆脱原有的热情：在蒜头上交叉插进两根针，然后把它放在十字路口。之后把恋人引向那里，当他（她）经过那里的时候，就会失去对爱人的兴趣。如果你想更进一步把邪恶带给某人，巫医可以提供一个配方，包括此人的照片、黑猫身上的毛、墓地的沙土，还有大蒜。把配好的药埋在你的受害者经常走动的地方，邪恶的魔咒就会发生作用。

驱赶吸血鬼等邪恶之物

2000多年以来，大蒜一直在全世界范围内被用来驱赶和摧毁吸血鬼。吸血鬼分为两种：一种是吸取血液的吸血鬼，一种是吸干受害者精力的吸血鬼。最著名的是来自中欧和东欧的吸血鬼，他们在民间传说中的地位可能是通过18世纪早期在该地区流浪的吉普赛人传播的。吸血鬼的突然出现往往和瘟疫的爆发相联系。由于人们不能解释周围的朋友和家人突然暴毙的原因，就把瘟疫的流行归罪于女巫、狼人、吸血鬼或其他超自然的鬼怪。大蒜的疗愈性能似乎成了不死的吸血鬼的魔咒。大蒜也被用来驱赶吸血的蚊子，因为蚊子叮咬导致的疾病被认为是"吸血鬼的触摸"，所以大蒜便顺理成章地被认为也同样能驱赶吸血的魔鬼。有人还把吸血鬼等同于狂犬病。狂犬病人有着高度的嗅觉，可能是因为受到了强烈的大蒜气味的刺激。

正如马克·詹金斯在《吸血鬼取证》中所讨论的那样，我们对死后人体的变化所知甚少。死者被埋葬在集体墓穴之中，为了埋葬更多的死者，常常要重新打开墓穴。死尸并没有用防腐药物保存，因此墓穴被重新打开的时候，人们会看到尸体正在腐烂，变得奇形怪状，并且鲜血淋淋。惊恐之下，人们会忧惧死者变成吸血鬼。如果一个死者被认为有变成吸血鬼的危险，人们就会在其口中塞满大蒜，以阻止邪灵进入死者身体。

传说吸血鬼的故乡是罗马尼亚，在这里人们常常食用大蒜，并用大蒜驱赶吸血鬼。人们把大蒜挂在房屋的窗户、门和农家宅院的大门上，甚至挂在牲畜的角上。大蒜在人们认为吸血鬼活动最猖獗的日子尤为重要，这些日子是：圣安德鲁日前夜、圣乔治节前夜、新年除夕和圣灵降临节。

在罗马尼亚和苏格兰，圣安德鲁是狼群的保护神，也是阻止狼群攻击的保护神，传说是他把大蒜赠送给人类。圣安德鲁日前夜（11月29日）是罗马尼亚最重要的民间节日，被称作吸血鬼之夜，因为人们相信此时可见世界与不可见世界的障碍消失了，鬼怪精灵可以畅行无阻。为了保护自己，人们吃很多大蒜，并且用大蒜酱做成一个十字架放置在门前。当夜，会举办一个盛大集会。承担举办集会的家庭事先要在家里的门窗周围都涂抹上蒜泥。每个年轻女子都要带去三头大蒜。这些蒜头被收到一个罐子里，罐子放在烛光之下，（出于某种原因）由家中最年长的女性保护着。年轻人跳舞直至黎明，这时候罐子被拿到室外，青年男女继续围着罐子跳舞。舞蹈完毕，大蒜被取出带回家去，成为家中的

“神圣之物”，可以保护住户不受疾病和邪恶魔咒的侵害。希望在此夜吸引求婚者的年轻女子要在腰间系上一条大蒜腰带。

在圣安德鲁节当日，特兰西法尼亚村庄的母亲会让孩子们在早晨吃大蒜，并且念叨：“大蒜是十字架的形状，在我的额头上有个十字架。”念这个咒语是为了驱赶针对孩子的恶毒魔法和魔咒。年轻女子会聚集到一个女孩的家中，每个人烤一个绳结形状的面包，这叫作安德鲁面包。面包冷却后，每个女孩都会在面包中间放上一个蒜瓣。如果蒜瓣立起来，就说明这个女孩不久就会有年轻人向她求爱，并且婚姻美满。

圣乔治是英格兰、农夫、奶牛以及与此不相协调的梅毒的保护神，他还以大战恶龙的事迹闻名于世，这被称之为与恶魔之战。在圣乔治节前夜（4月22日），邪灵肆虐。据说，如果游荡的鬼魂恶意较小的话，它们只是偷走果园的果实和奶牛身上的牛奶。如果它们特别卑劣，则会偷走人的心神。为了阻止邪灵，蒜泥被涂抹在门窗之上。大蒜还可以阻止女巫从缝隙中溜进来。人们还会用大蒜擦拭奶牛的身体，并且用大蒜喂食奶牛。

在新年前一天，为了驱赶邪灵，罗马尼亚人会燃烧气味难闻的东西，并且在自己、家人、家畜和门槛上涂抹蒜泥。在圣灵降临节期间，用大蒜和苦艾阻止和治疗危险的精灵带来的疾病。据说，它们在这段时间特别活跃。

最广为人知的变成吸血鬼的方式是被另一吸血鬼撕咬、非自然死亡（比如自杀），或者不恰当的下葬也会使人变成吸血鬼。1989年罗马尼亚革命期间，尼古拉·齐奥塞斯库的尸体没有得到恰当的安葬，罗马尼亚人担心他会变成吸血鬼。为了防止发生这样的事情，革命领袖杰卢·沃伊坎用蒜辫铺满了已故独裁者的房间。

大蒜既被用于发现吸血鬼，也被用于阻止吸血鬼。一个乔装改扮的吸血鬼是可以通过不愿意吃大蒜被辨认出来的。罗马尼亚教堂如今还像30年前一样，在礼拜时将大蒜分发给大家，看那些拒绝吃大蒜的人是不是吸血鬼。（没有人记载过是否发现过吸血鬼。）

吸血鬼研究

一群挪威研究者想测试大蒜可以防范吸血鬼的假设是否成立。因为找不到吸血鬼，他们用水蛭代替。相对于干净的手，水蛭更喜欢沾满大蒜的手，医生们建议在挪威谨慎接触大蒜。同一批科学家后来又做了一个题为“麦芽酒、大蒜和酸奶对水蛭胃口的影响”的研究。在19世纪，德国医生使用上述三种食物刺激那些吸血时不“合作”的水蛭的胃口。结果是：酸奶不能刺激它们的胃口，麦芽酒让它们醉过去，而大蒜会要它们的命。

吸血鬼的世界

吸血鬼害怕大蒜的传说在罗马尼亚普遍流传，而在世界各地还有讨厌大蒜的吸血鬼。在苏里南传说中有吸血鬼阿斯玛，他在白天呈现人形到处游荡，夜里脱掉人皮，变化成巨大的蓝色光球，吮吸受害者的鲜血。为了保护自己不受阿斯玛的侵害，人们吃大蒜和苦味药草，使血液变质，吸血鬼就会因为味道不好而罢手。

菲律宾的阿斯旺是个女吸血鬼，白天也是以正常人的形象出现，但到夜里会变成长着又长又薄的舌头的动物。她把舌头插进屋顶的缝隙，吮吸睡眠中的孩童的血液。如果阿斯旺舔到了影子，影子的主人不久就会死去。为了保护孩童，菲律宾的父母们会把大蒜泥涂抹在孩子的腋窝下。

马纳南加尔是又一个菲律宾女吸血鬼（上下半身可以分离），她是个年纪大些的美丽女人，在夜里把上下半身分离，用巨大的蝙蝠形状的翅膀飞行，瞄准没有警惕的孕妇，吮吸其肚里胚胎的心脏或睡眠者的血液。她憎恶大蒜，消灭她的一个办法是在她分离的下半身倒上大蒜、盐或灰烬，这样她就不能把上半身复合回去，在黎明时就会死亡。

在奥地利、德国和波黑，人如果吃了任何被狼咬死的动物，都会变成吸血鬼。为了防止吸血鬼进入房子，必须把所有的入口都涂抹上蒜泥酱和山楂花粉。要杀死吸血鬼，人们围住棺材，倒入几篮子大蒜，使魔鬼不能动弹。然后，有人把尖利的山楂树枝刺入魔鬼腹部，把它钉在棺材上。吸血鬼的头被砍下后，在它的嘴里塞满新鲜大蒜，把它的头朝下放进棺材（面向地狱），再把装满大蒜的棺材重新封闭、掩埋。

葡萄牙的布鲁萨（在墨西哥和其他南美国家称布鲁佳）是个女巫，崇拜撒旦，以吸孩童的血液为生，据说是不可毁灭的。布鲁萨讨厌大蒜，家长们把大蒜缝在孩子的衣服上，以防止布鲁萨把他们带走。

达克汉纳瓦是亚美尼亚人传说中的吸血鬼，负责守护亚拉拉特山周围的河谷。据说这个恶魔喜欢跟踪他的捕食对象，所以旅行者要在口袋里装着蒜瓣，在鞋子上涂上蒜酱。达克汉纳瓦一般是在受害者睡着时进行攻击，从脚上吮吸他们的鲜血，因此，在野外宿营的旅行者会在篝火的烈焰上烧烤整头的大蒜。大蒜和篝火会使达克汉纳瓦远离。

特拉维普奇（意思是耀眼的薄雾或发光的青春）是墨西哥特拉克斯卡拉州乡村的吸血鬼，能够变形，活跃的时候自带光环。他们生来忧伤，在青春妙龄的时候显现出来。特拉维普奇必须每月吃一次人血，不然就会死去（多数是女性）。他们理想的吸血对象是三到六个月的婴儿，不能再小了。大蒜、洋葱和金属可以驱赶特拉维普奇，但唯一阻止他作恶的办法是消灭他（最简单的办法是不让他吸到血）。

精力吸血鬼

与吸食血液的吸血鬼不同，精力吸血鬼靠吸取人类的生命力为生。卡丽坎特罗是在圣诞节和新年之间出生的人类，死后变成半人半兽的吸血鬼。卡丽坎特罗只能在圣诞节至新年这段时间活动，他们破坏财物，偷取新生儿的灵魂（来弥补自己）。家长们保护婴儿的办法是用蒜袋把他们盖住，并且焚烧一段木头来刺激卡丽坎特罗敏感的嗅觉。为了不让婴儿变成卡丽坎特罗，家长们会用蒜辫把他们捆起来，或者烧焦他们的指甲（哎呀！好痛！）

僵尸（以僵尸跳闻名的中国吸血鬼）是瞎眼的、再生的尸体，他们杀害生灵，盗取他们的精气。因为处于死亡状态，他们身体僵硬，行走困难，只能跳跃前行。他们的眼睛是瞎的，发现受害者的唯一方法是通过他们的呼吸，所以，屏住呼吸就可以躲开他们的攻击。人们用大蒜和盐对付僵尸，保护自己。

在东南亚的马来神话中，小鬼是萨满巫师利用黑色魔法从人类胚胎创造出来的小孩儿精灵。小鬼通常被用来行窃。令人安慰的是小鬼们都很愚蠢，你可以用蒜辫转移他们的注意力，他们会去与蒜辫玩耍而忘记了造访的目的。

吸血鬼猎手

吸血鬼猎手和吸血鬼杀手专门从事追捕和消灭吸血鬼的活动。半吸血鬼是半人类、半吸血鬼的生物，继承了大部分吸血鬼的能力，其弱点很少。他们常常放弃了吸血鬼血统而成为非常成功的吸血鬼猎手，但是他们也像一般吸血鬼那样害怕大蒜。漫威漫画公司塑造的人物刀锋战士布莱德是个半吸血鬼，他使用吸血鬼狼牙棒，这是用大蒜精华和硝酸银合成的驱逐吸血鬼的精华素。制作精华素的布莱德的导师惠斯勒在布莱德的同伴凯伦·简森被一个凶残的吸血鬼咬伤后，也把精华素注射进她的体内。虽然她最后也变成了吸血鬼，但是凯伦把精华素喷人邪恶的吸血鬼墨丘里口中，使她爆炸而死。

最著名的（巴菲之前）吸血鬼猎手／杀手是布莱姆·斯托克的小说《德古拉》中的亚伯拉罕·范·海辛，他被请去从特兰西瓦尼亚的德古拉伯爵手中拯救露西·维斯天娜。荷兰博士订购了来自荷兰的大蒜花，把它们撒满了露西的房间。范·海辛还把一个大蒜花环挂在露西的脖子上。不幸的是，露西的母亲拿走了所有“讨厌的、气味强烈的大蒜花”，使德库拉可以回来吸干她的鲜血。露西死后不久，就出现了一个美丽女子经常骚扰孩童。范·海辛和以前的求婚者一起追捕露西，刺穿她的心脏，砍下她的头，并且在她的口中塞满了大蒜。

在1964年的电影《地球上最后一个人》（根据理查德·马西森的启示录小说《我是传奇》改编）中，孤独的文森特·普西斯在早上醒来，穿着完毕，吃过早餐，打开前门，从窗子里拿出一个大蒜花环和一个破镜子。他在旁白里说：“我得换换这些东西。”他走出前门，草坪和车道上躺满了死尸。一场传染病把地球上所有的人类都变成了吸血鬼，普西斯成了最后一个人。在收集了更多的大蒜和得到一面新镜子后，他花了整天的时间收集死尸，用木棍穿透他们的心脏，然后把他们扔进一个城市边缘的炉坑里。 就在夜幕降临之前，他开车回家，把大蒜和镜子重新安置在窗户上（他解释说："他们对大蒜过敏，不愿意看到他们的影像。"），然后开始用餐。这就是地球上最后一个人的一天。

斯蒂芬·金在他的第二部小说《塞伦的命运》中也描写了当代社会的吸血鬼。在小说中，吸血鬼占据了缅因州的一个小镇。金保留了传统的驱逐吸血鬼之物（大蒜、十字架、圣水、玫瑰）。但是，描写当代吸血鬼故事的作家越来越轻视大蒜和吸血鬼的关系。在1997—2003年播出的电视剧《吸血鬼杀手巴菲》第一季中，我们看到巴菲箱子里的吸血鬼驱逐物包括小木锥、十字架、圣水和大蒜。在另一季里，为了免遭吸血鬼斯派克的侵害，巴菲在自己周围布满了大蒜。斯派克和安吉尔都钟情于巴菲，他们都是斯特岗尼亚的典型。斯特岗尼亚是做过忏悔的善良的吸血鬼，在牧师引导下回归了教会，成为邪恶吸血鬼的死敌。（正如爱德华·卡伦在《暮光之城》系列中所阐释的那样，斯特岗尼亚是受人喜爱的当代英雄，他们是善良的"坏男孩儿"。）有一季探讨的是假如巴菲从来没有来过小镇，吸血鬼们可以肆无忌惮地干坏事的话，桑尼戴尔将会是一幅什么景象。桑尼戴尔高中的衣帽柜里塞满了大蒜。

《夜访吸血鬼》的作者安·莱斯认为，像大蒜、十字架和木锥这些传统的吸血鬼遏制物对她作品中的人物不会起作用。在接受《每日野兽》采访时，她说："我认为如果他们对大蒜或十字架产生歇斯底里的反应，还不如让他们感到虚无有趣，不是对某物产生不可思议的反应，而是感到明确的制约和支配。"

《暮光之城》系列的作者斯蒂芬妮·梅耶尔起先也决定在她的小说

中不出现毒牙、棺材、穿心木锥和大蒜。在一次采访中，她解释说："几乎所有关于吸血鬼的迷信说法都是彻头彻尾错误的。实际上，吸血鬼没有任何局限，只有自愿遵循的准则，以保证他们存在的神秘性。没有失去意识的周期，不存在害怕阳光、十字架、大蒜、圣水、木锥等问题。所有这一切都是虚构的。故意设置这是发生在很久以前的故事，目的是误导敏感的人类，使他们有安全感。"

屠鬼装备

19世纪初期，屠鬼装备风靡一时，比如在一个木盒里装有一把手枪、一发银制子弹、一大瓶圣水、数小瓶蒜汁（用于涂抹子弹）、一种特殊的抗吸血鬼血清、硫黄粉、一个十字架、救治在捕杀吸血鬼过程中昏厥者的嗅盐、一册1819年出版的德加布里埃尔·德·帕班所著的《幽灵鬼怪的历史》。盒子上写着："此盒中包括去东欧某个少为人知的国家旅行的人必备的物品，那里的人们饱受一种叫作吸血鬼的恶魔的折磨。"2003年10月30日，此装备盒在索斯比拍卖会上以1.2万美元的价格售出。

第四章　种植你自己的大蒜

地球上有五种元素：土、空气、火、水和大蒜。没有大蒜，我简直不愿意活下去。

——在丽思卡尔顿酒店工作了41年的厨师路易斯·迪亚特

大蒜得名于安格鲁－撒克逊词语“刺”和“缝隙”，因为它的叶子又尖又细。多年来，大蒜一直被认为是百合属植物，直到最近，才被重新归入石蒜科孤挺花属植物大家族。[1]

大蒜有200多个品种，包括获奖的法国洛特雷克的有着淡淡芥末酱味道的玫瑰红大蒜、格鲁吉亚的火辣的大蒜，还有保留着原产地标准的西班牙拉斯佩德罗涅拉斯紫皮大蒜。大蒜分为软颈大蒜（最著名的是容易种植、能编蒜辫、储存时间长的加利福尼亚白色品种）和硬颈大蒜（包括清脆味美的瓷蒜、紫纹蒜、大理石紫纹蒜、光华紫纹蒜、亚洲大

[1]　多年以来，植物学家一直把不能归入其他种类的植物都归入百合科。2009年，国际植物学家学会把包括葱属植物在内的三个科的植物从百合科归入石蒜科孤挺花科。

蒜、洋蓟蒜和克利奥尔大蒜）。象蒜不在其内，因为它实际上是葱属植物。

首先要做的是根据你所在的地区和口味，选择你想种的大蒜品种。在北半球，一般是在秋天播种，来年夏天收获。大蒜需要40天的处理（放置在凉爽环境）以促进蒜瓣萌芽和促生蒜茎。（可以在春天种植，但是蒜茎较小，所以还是在秋季种植较好。）

这里的很多信息都来自著名的美国大蒜种植者，包括已故的达瑞尔·梅里尔（他的《大蒜种植指南》一书被爱荷华州迪克拉市采用和推荐）、美食家大蒜种植园的鲍勃·安德森和《大蒜全书》的作者泰得·乔丹·梅瑞迪斯。我还参考了娜塔莎·爱德华的优秀著作《大蒜：非凡的球茎》。爱德华的父亲科林·鲍斯威尔是英国怀特岛大蒜农场的主人，他是个充满激情的知识渊博的大蒜爱好者。

如何种植大蒜

正如下文所要介绍的，种植大蒜的方法一种是种植球芽，也可以播种种子，但这样做的效果是不确定的。最简易的方法是通过分株种植蒜瓣。挑选大蒜中最大的蒜瓣进行种植。你所选择的蒜瓣品种是决定种植是否成功的最关键的因素。每个蒜瓣会长出一个球茎。

球芽

种植大蒜最经济的方法是种植球芽。蒜薹顶部如果保留，不切除的话，就会长出很多小球芽。实质上，球芽就是母株上的分株。经过一定的时间，这些小小的球芽都会长成正常规格的球茎。相比于正常的球茎，球芽可以种植得更密，因为它们不会长那么大。在种植球芽时，要考虑到成熟蒜瓣的大小。较大的胡蒜球芽需要四英寸间距，而瓷蒜只需要两英寸间距。据说，通过球芽种植大蒜的最佳选择是胡蒜和亚洲蒜，再次就是紫纹蒜。

大蒜播种

大蒜长期以来都被认为是不能育种的，所以1875年杰出的德国植物学家爱德华·雷格尔在中亚发现多产的蒜株时，就产生了可以得到真正的大蒜种子的想法。雷格尔的发现第一次提高了某些大蒜仍然有培育出真正种子的可能性。

大蒜播种种植的好处是增加其基因多样性（使之更有能力适应变化的环境），提高其生命力和产量，消除现有植株所带的病毒。

加州大学戴维斯分校植物科学系名誉教授埃文·巴顿哈根在15年前就开始了获取真正大蒜种子的实验，如今已经有十种不同的无性繁殖种子在www.ivansnewgarlics.com网站出售。巴顿哈根说，所有的大蒜都像是胡蒜，有着“非常丰富圆润的口味”。他说，在不同气候环境下的种植者都获得了成功，包括纽约、宾夕法尼亚、南加利福尼亚和华盛顿。

种植时间

大蒜应该在秋季9月15日至11月30日之间种植。对大多数地区来说，10月中旬第一场轻微的霜冻之后是分界点。南方的菜农可以晚种早收，种植时间可以迟至12月底。大蒜可以在晚春种植，夏末收获，但是其成蒜几乎总是比较小。

根据月亮盈亏种植的古老传统要求在月亏时种植大蒜。因为月光减少而引力增加，使湿气被提升上来（朝向月亮）。据说这样有利于像大蒜这样的块根作物，因为此时主要是植物地下部分的生长，而不是地上部分枝叶的生长。

种植地点

大蒜在肥沃、排水性良好、无杂草的有机土壤中生长最佳。大蒜不是竞争力强的植物，所以良好的杂草控制是种植健康、强壮的蒜头的关键。大蒜可以忍受荫蔽环境，但是在全日照条件下生长旺盛，喜欢PH酸碱度在6.5到7之间的土壤（中性或微酸性土壤）。大蒜不喜肥，吸收养分缓慢，不需要很多肥料。有些植物得益于土壤中有更多的氮肥，但大蒜不需要很多氮肥，因氮肥过多，植物会枝叶陡长，而蒜头很小。要确定土壤的状况，买一个便宜的土壤测试工具包，对土壤的PH酸碱度和氮磷钾含量进行测试。大多数工具包还包括一个不同植物最佳PH酸碱度和氮磷钾含量表。

蒜瓣的准备

虽然大蒜所含的硫化物有保护自己的作用，但是大蒜仍然易受病虫害的侵害。大蒜最严重的病害是由白腐小核菌真菌引起的白腐病。一旦白腐病感染了一个区域，其孢子可以在土壤中存活数十年，所以不能把大蒜等葱属植物种植在该地。减少病虫害的一个方法是把大蒜与其他非葱属植物进行轮种。如果年复一年地在同一个地点种植大蒜，会增加葱属植物疾病的发病率，害虫也会在土壤中积累。

对种植之前是否需要浸泡大蒜蒜瓣，各路观点众说不一。鲍勃·安德森主张用一加仑水、一汤匙小苏打和一汤匙海藻液体兑成的溶液把分开的蒜瓣浸泡16至24个小时，或者浸泡到蒜皮松脱，这样可以轻松剥去蒜皮而不伤害蒜瓣。蒜皮上可能含有真菌孢子或虫卵，小苏打可以杀死真菌。在种植前，用纯酒精或50度伏特加把蒜瓣浸泡三四分钟，可以杀死所有第一次浸泡后遗留的病菌。

另一种方法是种植保留着蒜皮的未浸泡过的蒜瓣，这样蒜皮可以保护蒜瓣不受感染。因为蒜瓣脱皮非常容易，所以蒜皮可能并不很重要。依我看来，两次浸泡看似过分，却能保证安全。（大蒜病毒通常在造成伤害后才会显现出来，所以我认为采取额外的步骤是值得的。）

同时，要准备好园地。大蒜喜欢全日照、无杂草的环境，在肥沃、排水性好、微酸性至中性土壤中生长最佳。所挖的垄沟要适合所在的地理区域。美食家大蒜种植园的鲍勃·安德森认为，在南方，垄沟宜深两英寸，在北面的各州，宜深四英寸，其他地区宜深三英寸。把事先浸泡好的蒜瓣植入垄沟，间距六至八英寸，一定要根部朝下，顶端朝上。

种植大蒜

种植大蒜要根部朝下，顶端朝上，深两英寸，间距六到八英寸。如果种植几个不同的品种，要画一张图，以便收获的时候能够辨别。蒜瓣种好后，在上面覆盖六英寸的保护物。我喜欢覆盖碎叶，但你也可以覆盖干草屑、稻草、堆肥、粪肥或海藻。不要使用整片叶子，因为它们分量重，会像野草那样闷死蒜苗。覆盖物可以抑制杂草生长，保持湿度，并且在分解中提供养料，所以春天时不要把它们移走。

蒜苗会在早春萌生，要保证土壤不要太干。大蒜在春天生长季节每周需要一英寸深的水。6月1日之后不要再浇水，因为它们需要干透，以便收割和固化。在生长季节可以给叶子喷洒一两次肥料，这叫作叶面施肥。梅里尔的“配方”是一加仑水配一汤匙鱼乳液和一汤匙海藻液体。安德森的方法是混合一加仑水和一汤匙鱼乳液、一汤匙小苏打和一汤匙糖浆。

剪除花茎

6月初，硬颈蒜的弯曲花茎长到十英寸的时候，要把这些花茎剪除。这样可以把养料从花茎导向蒜头。如果保留花茎继续生长，会减小蒜头的尺寸，有时甚至会小一半。用柔软的大蒜花茎可以做出美味的香蒜酱。它是美味可口的佐料，可以用于蘸料、意大利面、汤、炒菜和任何你能想象出来的菜肴。

收获大蒜

当一半或四分之三的叶子变黄的时候，就可以收获大蒜了，通常是在6月下旬或7月上旬。小心地把蒜头挖出来，千万不要把茎和蒜头分开，因为这样会导致蒜头腐烂。如果收获时间太迟，蒜头会在地下裂开。

收获之后，让大蒜避开阳光，最好放在干燥、荫蔽、通风良好的地方。把每六至十头大蒜捆成一捆，悬挂起来晾干或“固化”四到六个星期。如果你种了两种以上的品种，别忘了给它们贴上标签，也不要像我一样，在大蒜种植图上做错了标记。

如果你想给软颈蒜编辫子，可以在收获两到三个星期之后大蒜半固化的时候进行。在蒜头晾干后，剪除根须，把茎剪去，只留半英寸到一英寸。蒜头需要呼吸，所以最好储存在网袋或通气的大蒜储存罐里。我还发现，亚洲竹篮也是理想的储存工具，如果你像我一样从未用过的话可以试一试，你可以在不同的层面储存不同的品种。不要把大蒜储存在塑料袋或冰箱里，那样会使它们变软发霉。

混栽

混栽就是把某几类作物在一起种植，以达到病虫害防治、授粉和总体健康生长的最佳效果。因为大蒜含有硫化物，对很多不同品种的蔬菜、果树和花草有利，但也对一些植物有害。

大蒜能驱逐蚜虫、菜粉蝶幼虫、刺蛾等害虫，因此成为下列蔬菜的有益伙伴：莴苣、菠菜、马铃薯、茄子、番茄、胡椒、包心菜、西兰花、球茎甘蓝。大蒜和甜菜可以互利，因为二者都抗叶蝉等飞行类害虫。大蒜会阻碍蚕豆、豌豆或芦笋的生长，所以不要把它们种植在一起。

因为大蒜的气味可以驱逐蚜虫、毛虫、螨虫和日本甲虫，所以是所有果树的良伴。（可以把大蒜种植在果树下。）大蒜可为花粉和花蜜提供遮蔽，所以还会吸引益虫。特别是大蒜可以保护梨树不受穿孔虫的侵害，保护苹果树不受苹果黑星病的侵害。大蒜还是万寿菊、金莲花、天竺葵和牵牛花等花卉的良伴，因为它可以驱除地表上下的害虫。大蒜还可以阻止鹿和兔子吃这些花卉。玫瑰和覆盆子有利于大蒜的生长，同时，大蒜也可以驱逐蚜虫、蚂蚁、螨虫等害虫。

大蒜还与蓍草、香薄荷、甘菊、芸香和小茴香等草本植物互利互惠。蓍草和香薄荷可以提高大蒜的整体健康生长状况，甘菊可以改善其味道。芸香帮助大蒜驱逐蛆虫，大蒜帮助小茴香驱逐红蜘蛛。不要把大蒜与西芹或鼠尾草种植在一起，因为这样会阻碍它们的生长。

大蒜基因学

早在20世纪30年代，卓越的德国生物学家们就开始关心植物品种的保存问题。他们以基因学为起点，用基因学、分类学、生理学、生物化学和生物物理学等领域的方法和思想对植物种植展开研究，旨在改进农作物种植。

1943年，维也纳附近的恺撒－威廉作物研究所成立。第一任院长汉斯·斯塔布于1945年开始筹建位于加特斯雷本的研究所。二战之后，在瓦维洛夫思想的鼓舞下，为了改进农作物育种，所有欧洲社会主义国家都成立了基因库。

1990年，东、西德国统一，加特斯雷本基因库的生存受到了威胁，有人提出为了有利于位于西德步伦瑞克市的弱势农作物科学与种子研究所的发展，应该关闭此基因库。所幸的是，官僚们认识到农作物收集与研究设施是前东德为数不多的比西德做得好的领域之一。（西德侧重谷类植物研究，在埃塞俄比亚建立了最先进的基因库。虽然他们宣称该项目是为了“发展合作”，实际上是为了保存对德国啤酒来说至关重要的埃塞俄比亚大麦。）

植物基因与农作物研究所（这是加特斯雷本基因库现在的称呼）的约阿希姆·凯勒博士认为，加特斯雷本基因库收集大蒜的价值在于他们直接收集了来自欧洲、非洲和亚洲大蒜种植区等不同生长区域的大蒜品种，来源广泛。尽管德国民主共和党处境艰难，但东德的收集者们从来没有终止过这项使命。而且，因为与苏联联盟，他们能够收集到古巴、东盟和朝鲜的大蒜品种，这些地区是西方人很难进入的。

如今，加特斯雷本基因库仍然是植物育种和保存方面的楷模，凯勒博士是欧洲葱属植物合作集团的联合主席。他在加特斯雷本取得的成就处于低温储藏技术的最前沿，大蒜可以被储存在液态氮之中。低温储藏的方法优于露地栽培，因为这样可以使球茎不受感染，在消除了露地因素影响的情况下保证球茎的健全。因为大蒜不会形成可以储存的种子，必须保留蒜瓣来进行育种和研究，所以是低温储藏研究和实验的理想对象。再加上更先进的储存方法，加特斯雷本一共繁殖了来自世界各地的1140个葱属植物品种。

原始品种指南

“种子救助者”是个致力于拯救和分享原始种子的机构。生物学家杰夫·内科拉是这个机构的顾问，他种植和记录了“种子救助者”收集的每个大蒜品种。他的原始大蒜档案提供了不同大蒜品种背后的故事，平淡无奇却又引人入胜。例如，“俄罗斯的拯救”是因为海伦·舒尔茨的父亲为一名在英属哥伦比亚省跳海的水手提供了庇护，为了表达感激水平送给他的；达瑞尔·梅里尔的母亲曾经在塔尔萨种植了25～30年的“妈妈的俄克拉荷马胡蒜”；“西伯利亚大蒜”是渔夫们在与小农户进行以货易货的贸易时得到的。还有，“音乐”不是得名于它的优美，而是得名于一位加拿大的大蒜种植者埃尔·穆泽克（音乐）。这一部分特别介绍了大蒜的不同种类及其历史、口味和形态特征，还包括了一些有趣、美味而且容易得到的大蒜的样品。

大蒜是具有高度适应性的，但是为了不走弯路，了解一下大蒜的原产地仍然是明智之举。来自俄罗斯冰冻地区的西伯利亚大蒜能很好地适应北方冰天雪地的严冬；来自西班牙的克里奥尔大蒜和洋蓟大蒜则在较温和的气候下生长较好。

硬颈蒜

硬颈蒜的特征是在中央一枝木质化叶柄四周生长一圈蒜瓣。叶柄或花茎在早春时多汁多肉，为了保证养分从叶柄到达蒜头，应该把它们剪掉。花茎有时被称为假种子穗，因为它不会长成能育种子。如果保留花茎，则会长成伞状花序，这是在蒜茎顶端包围着气生鳞茎的包囊，叫作珠芽。珠芽可以种植，最终可以长成蒜头，但是可能花费几年的时间，每年都必须收获珠芽，重新播种，直到形成正常大小的蒜头。硬颈蒜也叫顶头蒜或蛇形蒜。

胡蒜

胡蒜是最著名、种植最广的硬颈蒜。它们比软颈蒜的味道更醇厚，比其他品种大蒜的味道更甜、硫黄味更小。（如果你喜欢吃生蒜，味道醇厚的胡蒜当是你的首选。）胡蒜的蒜瓣很大，容易剥皮，因此受到厨师的欢迎。因为外表皮疏松，它们比别的品种保存期更短。因为喜欢肥沃土壤，需要一个时期的春化处理，在寒冷的冬季长势旺盛，因此被认为是北方大蒜，不适合温暖的南方气候。胡蒜的蒜头剥皮后呈淡褐色。胡蒜生长浓密，其卷曲的花茎应该剪掉，使植株生长能量集中在蒜头之上。大多数品种在围绕叶柄的蒜头上生长六至八个蒜瓣，储存期平均五至六个月。

喀尔巴阡山大蒜

来自波兰西南部的喀尔巴阡山大蒜有着很大而且均匀的蒜头，很少有双重蒜瓣。该大蒜味道经典，有不错的整体感觉，还有典型的胡蒜的香辣。喀尔巴阡山大蒜是入选《厨师画刊》杂志的受大众喜爱的品种之一。

德国红

本品种的气味醇厚浓烈、非常辛辣，是一百多年前随着德国移民来到美国（爱达荷州），之后在较寒冷地区越来越受欢迎。这个品种的大蒜生命力旺盛，蒜皮为紫棕色，是生食最辛辣的胡蒜之一。经常出现双重蒜瓣。

吉拉尼红

吉拉尼红是以爱达荷州吉拉尼农场命名的一种优秀的胡蒜，它的原产地不明，但可能源自德国红或西班牙红。这个品种比大多数胡蒜都能更好地适应潮湿的环境，很适合在太平洋西北地区种植。它具有典型胡蒜的辣味，余味悠长。

俄国红

该品种是18世纪晚期由俄国杜科波尔派移民经加拿大引进美国的。（杜科波尔派是一个主张和平主义的宗教派别，他们从俄国迁徙出来，主要是受到教友派信徒和列夫·托尔斯泰的资助。）俄国红以其醇厚的麝香气味和宜人的甜美回味而闻名于世。

西班牙红

这是个在美国西北部俄勒冈州波特兰地区具有百年历史的传家宝品种，味道丰富醇厚，为许多西北地区大蒜种植者所喜爱。他们认为它具有真正的大蒜的完美味道。有些大蒜种植者认为西班牙红在小农场主之中复兴了种植大蒜的热情。

诱惑者

由纽约上州大蒜种子基金会（提供种子储存和大蒜种植信息的一个非营利组织）推荐。初尝味道辛辣，过后柔润香醇。在寒冷气候下生长旺盛。

瓷蒜

瓷蒜外表漂亮而又风味宜人，因此越来越受到人们欢迎。瓷蒜植株长得很高，有的高至2米。其优质的口味可以与胡蒜媲美，而且蒜头剥皮后平滑紧凑，储存期更长。和其他硬颈蒜一样，瓷蒜会长出美丽卷曲的花茎，必须把它们剪掉才能把养分引向蒜头。（梅瑞迪斯认为，瓷蒜在这个方面比其他品种更加敏感，他告诫人们说："保留花茎不剪就等于想在收获的时候得到小得多的蒜头。"）瓷蒜还比其他品种含有更高水平的蒜素。虽然蒜头很大，但通常只有四至六个蒜瓣，平均保存期为八个月。

乔治亚火焰

乔治亚火焰是我个人的最爱。这种白色辛辣的瓷蒜来自格鲁吉亚，是被加特斯雷本基因库默默无闻拯救出来的许多大蒜品种之一。和乔治亚水晶一样，乔治亚火焰也来自Cichisdzhvari山区，这是一个位处黑海和里海之间的农业地区。（此品种还以其绕口令般的绰号而闻名，是Cichisdzhvari四号。乔治亚水晶是Cichisdzhvari一号。我对Cichisdzhvari二号和Cichisdzhvari三号没有了解）。乔治亚火焰有着美丽的、薄纸般的白色表皮，其口味如广告中所说的那样火辣。

乔治亚水晶

此品种的口味新鲜醇美，蒜头硕大美丽，有时候甚至会被误认为是象蒜。乔治亚水晶没有大多数瓷蒜的火辣，是优良的全能型大蒜。其口味纯正，蒜头硕大，容易剥皮，因此受到厨师们的欢迎。乔治亚水晶在各地都生长良好，非常容易照管，是种植新手们的良好选择。

德国耐寒蒜

也叫德国白，根须极长，使其成为最耐寒的大蒜品种之一。蒜头很大，有四至五个蒜瓣。外部表皮为白色，蒜瓣表皮为深红色。德国白有强烈的生蒜味，含糖量高，是最佳烤蒜之一。艾瑞克·塞申斯在爱荷华州迪克拉派池沃克绿色农庄种植了艾瑞克德国白，成为奥巴马总统白宫花园里种植的两个大蒜品种之一。艾瑞克德国白和德国耐寒蒜一样，蒜头包皮为白色，蒜瓣包皮为紫红色，容易剥皮，口味丰富辛辣。（白宫花园种植的另一个大蒜品种是带有紫色条纹的撒马尔罕。）

列宁格勒

虽然名为列宁格勒，实际上这个品种源自白俄罗斯。列宁格勒大蒜可以在各地种植，但在冬季寒冷的地区生长旺盛，不适合炎热的南方气候，对许多大蒜疾病具有免疫力。初入口时味道甜美柔和，但过后会发展成一种强烈持久的火辣。（这是一种“它有的我也会有”类型的大蒜。）

罗马尼亚红

此品种是从罗马尼亚引进英属哥伦比亚的，可能是在美洲新大陆种植的最早的瓷蒜之一。在所有已知的大蒜当中，罗马尼亚红的蒜素成分最高，口味火辣，充满硫黄味。罗马尼亚红的蒜瓣硕大，容易剥皮，长期以来一直受到厨师们的喜爱。它还是最抗病的品种之一。

罗斯伍德

它来自摩尔多瓦共和国（我父辈的家乡），我因此特别愿意看到它被广为接受。罗斯伍德的蒜头相对较小，有四个很大的蒜瓣，生长健壮，口味粗犷，余味悠长。还有一个额外的长处是：罗斯伍德的储存期长达十个月。

紫纹蒜

因其鲜明的紫纹和蒜头及蒜瓣上的花斑而得名。光滑紫纹蒜和大理石紫纹蒜是比它较晚的同属，它们是大蒜世界中令人倾倒的超级模特。这些大蒜在基因上最接近原始大蒜，从某种意义上来说，所有其他品种的大蒜都源自紫纹蒜。紫纹蒜的味道非常丰富可口，经常赢得全国美味测试“最佳烤蒜”之名。容易种植，储存期稍长于胡蒜。剥皮比较容易（但不如胡蒜容易）。可以在贫瘠的土壤中种植，但是在肥沃的土壤中种植会生长旺盛，让你得到硕大美丽的蒜头。正如我们一直提示的那样，别忘了剪掉花茎，以保证蒜头能得到足够的生长养分。大多数紫纹蒜的每个蒜头有8～12个蒜瓣，储存期平均为5至6个月。

白俄罗斯大蒜

采集于苏联时代的白俄罗斯大蒜健壮、大小适中、口味丰富、余味悠长，是极佳的烧烤大蒜，但不像其他紫纹蒜那么容易储存。白俄罗斯大蒜是曾任美国农业部大蒜采集站站长的理查德·汉南（他可能对优质大蒜略知一二！）最喜欢的大蒜之一。

柴斯诺克红

原名史为利兹，以其村庄的名字命名，是格鲁吉亚的另一个精品大蒜。风味浓郁，容易剥皮，在烹调后可以很好地保持其形状和味道，是极佳的烹调大蒜。烧烤后柔滑多汁，味道甜美。属迟收型大蒜，蒜瓣大小均匀，深受种植者喜爱。（种植者总是想保留最大的蒜瓣用于栽种，对某些大蒜品种来说，这就意味着在筛选出较大蒜瓣之后，会剩下很多细小的蒜瓣。）

撒马尔罕大蒜

这种大蒜虽然是约翰·斯文森在乌兹别克斯坦的一个市场上发现的，但是曾一度成为波斯之星，因为大蒜种植者贺拉斯·肖认为“它好像是波斯品种”。这个名字被使用了数年的时间，如今已经被正确地命名为撒马尔罕。撒马尔罕大蒜的风味浓郁，但是不像很多紫纹蒜品种那样辛辣。蒜头的皮厚而白，把皮剥掉后，则会呈现出紫色，是紫纹蒜中最美丽的大蒜之一。蒜头包皮被全部剥掉之后，会看到蒜瓣皮上独特的形状鲜明的斑点，像个八角星，因此得名。

光滑紫纹蒜

过去，光滑紫纹蒜和大理石紫纹蒜都被归类到紫纹蒜之下，如今则被认为是不同的品种。与正宗紫纹蒜相比，光滑紫纹蒜和大理石紫纹蒜有着较少但更加肥厚的蒜瓣。因为光滑紫纹蒜的包皮柔软，需要细心管理和及时收获，所以种植并不普遍。它们闪亮的包皮看似金属，在不同的生长条件下会呈现出金色或银色的光晕。

紫釉大蒜

在其格鲁吉亚的家乡，也被称作Mcadidzhvari一号。这种大蒜非常引人瞩目：外表皮是富有光泽的白色，在适当的生长条件下，内表皮呈现出鲜明坚实的蓝色，并且略带一层银色。口味柔和，是生食佳品。紫釉大蒜在烧烤后会出现甜味。

红列赞

本品种采集于莫斯科西南的俄罗斯中部城市列赞。味道不错，没有火辣感，也没有余味。在严寒气候下生长旺盛。

大理石紫纹蒜

和克里奥尔大蒜一样，大理石紫纹蒜是在炎热气候下生长最好的大蒜品种之一，但与克里奥尔大蒜不同的是，它们在寒冷地区也生长良好。它们比光滑紫纹蒜生长得更健壮，因此越来越受到商业种植者的重视。大理石紫纹蒜在外表皮和蒜瓣上长有棕色斑纹（大理石条纹），每个蒜头有5至9个蒜瓣，平均储存期为6个月。

博加特里大蒜

原产地莫斯科，蒜形极大，经由加特斯雷本来到美国。这个品种深受大蒜迷们的喜爱，入口火辣，继之以宜人的悠长余味。博加特里大蒜是大理石紫纹蒜中最耐储存的品种，储存期长达10个月。

乔巴斯基大蒜

从位于与中国接壤的俄罗斯远东地区城市哈巴罗夫斯克的西伯利亚植物园收集而来。此品种生食火辣，熟食醇厚柔润。蒜瓣很大，在需要大量用蒜的菜肴中作用很大。

基塔布大蒜

这种大蒜是约翰·斯文森及其美国农业部团队在乌兹别克斯坦山区的一个干涸河床里发现的。因为蒜头埋得太深，没有人能够拔出来，所以团队只得到一些球芽，带回去后种植成了蒜头。基塔布的味道强烈而单纯，不像其他紫纹蒜那样复杂。

克拉斯诺达尔红

这个大理石紫纹蒜品种源自黑海附近的俄罗斯克拉斯诺达尔，被明尼苏达大学的一位土壤学科学家卡尔·罗森博士带到美国。过去很难找到这个品种，但是现在在大蒜节和网络上越来越容易看到。生食味道强烈，但不太辣，烹调后能很好地保持原味。

麦特奇大蒜

包皮为红色，蒜瓣硕大丰满，生食非常火辣。虽然来自格鲁吉亚，在寒冷的地区生长旺盛，但也是冬季温暖地区最可靠的硬颈蒜之一。这个品种是晚季大蒜，储存期长。

普斯克姆大蒜

最初是在1989年的大蒜收集项目中被约翰·斯文森从乌兹别克斯坦的普斯克姆河谷收集而来。口味丰富辛辣，余味悠长。每个蒜头有二至四个大蒜瓣。

西伯利亚大蒜

本耐寒品种来自西伯利亚堪察加半岛的寒带草原，是渔民与小农进行以货易货的交易中得来的。蒜皮为粉红色（在含铁丰富的土壤中变为红色），气味比较强烈，蒜素含量很高。

亚洲大蒜

亚洲大蒜和扁大蒜（见下文）曾被归类为洋蓟蒜，直到美国农业部的盖尔·沃尔克博士和加特斯雷本农作物研究所的约阿希姆·凯勒博士在进行DNA研究之后，才证明二者都是软抽薹硬颈蒜，这类大蒜彼此不同，也与别的种类不同。亚洲大蒜的蒜瓣坚实丰满，蒜皮光滑厚实。蒜头一半呈纯白色，但蒜瓣可能会呈现出色彩华丽的紫色或红褐色。亚洲大蒜成熟非常快，先于洋蓟蒜。叶子一开始变黄就应该马上收割。如果等到一半叶子变黄再收割，会发现蒜头包皮已经裂开。与其他硬颈蒜不同的是，亚洲大蒜不需要剪掉花茎（比其他品种的花茎小，在温暖气候下甚至不会长出蒜茎）才能确保得到大型蒜头。每个蒜头有8至12个蒜瓣，平均保存期为5个月。

亚洲风暴（也叫首尔姐妹）

此韩国大蒜生食火辣，熟食香甜。储存期长，在寒冷或温暖湿润的冬季都能生长良好。亚洲风暴大蒜烧烤之后味道甜美。

韩国红

呈粉褐色，蒜味甜美醇正，不辣，是那些喜欢浓郁风味而又担心上火的人的佳选。韩国红是早季大蒜，其浓郁的风味无疑是朝鲜泡菜和炒菜的优良佐料。

平壤大蒜

来自朝鲜首都附近，蒜瓣为淡褐色，带有紫红色长条纹，味道清淡柔和，生食微辣。储存期比其他大多数亚洲大蒜要长。

扁大蒜

像亚洲大蒜一样，扁大蒜是弱抽薹大蒜，常常带有紫纹，每头平均六个褐色或粉红色蒜瓣。蒜瓣比其他大蒜细小。扁大蒜也像其他亚洲大蒜一样是早季收获大蒜，但不能长期储存。扁大蒜是以其花茎顶端形成的头巾形状的伞形花序（荚果）而命名的。每头一般有6个大蒜瓣，平均储存期为5个月。

珍珠大蒜

蒜头硕大，白色，带有深紫色斑纹。生食火辣，但烧烤味道醇美可口。是格雷格·恰尔内茨基在北京天坛附近的红桥市场买来并带回美国的。

中国黎明

蒜头包皮呈现紫色纹路，味道丰美，余味甜美如花香，最后有轻微辣感。是早季大蒜（在晚春或初夏收获）。

新罗大蒜

来自韩国，带有美丽的紫色斑纹，口味深长丰美，最后有适度的辛辣。为早季大蒜，是应该在秋季第一批种植的大蒜之一。

西安大蒜

扁大蒜品种之一，是柴斯特·艾伦于1995年在旧金山中国城绿荷餐厅的一个工人手中以30美元一头的价格买到的，而这个工人则是从中国西安将此大蒜走私而来。西安大蒜带有强烈的土腥气味，非常火辣。

尼古拉·瓦维洛夫：种子保存与农作物多样性

伟大的俄国植物学家尼古拉·瓦维洛夫（1887—1941）认为中亚是大蒜的发源地。他周游全球采集和保存种子，是他那个时代最前沿的农作物遗传学家和植物地理学家。除了在俄国，他还到六十四个国家进行采集工作，先后一百多次。在他非凡的生涯之中，他组织和领导了全苏应用植物学研究院，这是世界上最大的农作物研究机构。他成立了种子采集研究所，于20世纪20年代和30年代遍寻五大洲，采集各种野生和栽培的马铃薯块茎、五谷、豆类、草料和大蒜。可悲的是，他触犯了斯大林，在监狱中因营养不良而死去。他有四个学生都宁可饿死也没有打开他储存的种子库。1989年大蒜采集小组成员对位于圣彼得堡的瓦维洛夫办公室进行了一次令人辛酸的象征性拜访，作为他们行程的开端。

今天，农作物多样性和种子保存是非常热门的话题，因此，瓦维洛夫的研究成果有着尤其重大的意义。科学家们担心全球的农作物多样性受到正在发生的（全球变暖和农业经营全球化）和潜在发生的（核战争和生物战争、政治动荡和土地管理不善）事件的威胁。没有多样性，全球食品供应就容易受到病虫的危害。比尔及梅林达·盖茨基金会为斯瓦尔巴全球种子库（叫末日种子库更加为人所知）捐款，这个保存种子的库房外皮是铁的，建在北冰洋附近的遥远的挪威岛，一直延续进一座山里。

虽然20世纪被普遍认为是种子多样性的灾难，但大蒜是20世纪多样性最大的赢家之一（还有番茄、南瓜、生菜、豆类和胡椒类）。1903年，大蒜品种只有3个，到2004年，居然已经达到274个。应该感谢那些收集者、保存者、进口者和栽培者。

软颈蒜

软颈蒜的中央长有一根柔软的叶柄，周围有几层蒜瓣。它们不抽薹，也就是说不会长出花茎或开花。软颈蒜容易种植，在各种土壤和气候条件下均生长旺盛。蒜头很大，可以编成可爱的蒜辫。此类大蒜特别耐储存，如果方法恰当，可以储存10个月。味道可能是温和的，也可能是火辣的（在寒冷的冬季大蒜会更火辣）。

洋蓟蒜

洋蓟蒜家族的生命力非常旺盛，蒜头硕大，是最容易种植的品种，在温暖气候下生长良好。最常见的品种是加州早季蒜和加州晚季蒜，是克里斯托佛·伦奇在吉尔罗伊种植的品种。（克里斯托佛·伦奇影响了美国的大部分大蒜品种。）之所以名之曰洋蓟，是因为其形状是由几层重叠的蒜辫构成的，让人联想起真正的洋蓟。很多洋蓟蒜品种有3至5个蒜瓣层、12至20个蒜瓣，平均储存期7至8个月。

加州早季蒜

加州早季蒜和加州晚季蒜是大蒜种植产业的主力军，其原因是显而易见的。加州早季蒜能很好地适应各种气候，成熟早（正像它的名字所指出的那样），耐储存。大多数蒜头有4个蒜瓣层，每头蒜有10至14个蒜瓣。蒜头硕大，里面的蒜瓣也不像其他品种那样小得令人烦恼。温和的风味能满足广泛的口味需求。正如熏肉常常是素食主义者的诱惑，加州早季蒜是充满诱惑力的大蒜。

加州晚季蒜

与加州早季蒜相比，加州晚季蒜比较小（虽然并不小），更火辣、更耐储存，在温暖气候下生长更好。适合烧烤，一般没有令人讨厌的味道。如果你更喜欢编蒜辫而不是吃蒜，它就是你的选择。

因切利厄姆红

最高产的祖传大蒜之一，是在华盛顿科尔维尔的因切利厄姆印第安人保留地发现的，据说是美洲最古老的大蒜品种之一。因切利厄姆红比其他大蒜品种的味道更甜美、更柔和，在大蒜比赛中不断赢得高分（常常名列第一）。从好的方面讲，它既能适应温和气候，也能适应寒冷气候，而且极耐储存。从不好的方面讲，其柔和的味道可能会令喜爱辛辣大蒜的人失望。“慢餐美国”把因切利厄姆红和意大利洛尔茨（见下文）确认为美国“美食方舟”产品，“美食方舟”汇集了200多种做法面临失传危险的美食。

意大利洛尔茨

古老的祖传品种，是19世纪初洛尔茨家族从他们的祖国意大利带到华盛顿州哥伦比亚河流域的。本品种的味道强烈、丰富，如果在炎热的夏季种植，会变得非常辛辣。一头大蒜有2到18个蒜瓣不等。

西蒙内蒂

虽然听上去像意大利名字，实际上是由菲利普·西蒙从黑海岸边西蒙内蒂的乔治亚村采集而来，是口味最柔和的洋蓟蒜品种之一。在肥沃土壤中生长旺盛，能长出超大型的蒜头，也是为数不多能够在贫瘠土壤中种植的洋蓟蒜之一。

波兰白

也叫纽约白，是最耐寒的洋蓟蒜品种之一，在东北地区特别高产。蒜瓣很大，有的大蒜里面还长有少数很小的银色蒜瓣，有的则没有。味道丰富深厚，略带辣味。波兰白是很好的生食和烹调大蒜，而且，它的包皮光泽柔滑，如山羊皮一般洁白，还闪烁着紫色的光华，因此是极好的编辫大蒜。

道奇红

是在乔治亚小村庄道奇里亚维发现的，所以也叫道奇里亚维。在寒冷和温暖气候下都生长旺盛。味道柔和爽口，深受已故的塔尔萨大蒜种植者达瑞尔·梅里尔及其朋友切斯特·艾伦的喜爱。达瑞尔·梅里尔是忠诚执着的种子拯救者，切斯特·艾伦以前是大学教授，后来成为多产的蒜农，并著有引人入胜的传记《大蒜人生》。（艾伦的父亲出生于道奇里亚维村。）道奇红在烧烤后口味含蓄。

苏珊维尔

被认为是加州早季蒜的改良品种，口味宜人。虽然源自加州，但在寒冷气候下也表现良好。与其祖先一样，苏珊维尔也是蒜瓣很大、容易剥皮、耐长期储存的品种。

瑟莫德恩

蒜型大，耐储存，来自法国东南德隆地区，在那里进行商业化种植，被称为瑟莫德隆。然而，在到达美国之时，却得到一个令人发笑的、听上去像军事术语的名字：瑟莫德恩。不管称呼如何，本品种风味浓郁，像美味的芥末酱一样可口，成为法餐的必备。

银膜

银膜大蒜是最丰产的品种，在多种气候条件下生长良好，而且储存期极长，因此受到商业种植者的欢迎。其味道多样，有柔和的，也有辛辣的。蒜皮平滑有光泽，形状匀称，因此也是最受欢迎的编辫大蒜。银膜是收获最晚的大蒜（7至8月），通常有3至4个蒜瓣层，每头12至20个蒜瓣，平均储存期为10个月，甚至更久。

努特卡玫瑰

来自华盛顿三欢群岛的努特卡玫瑰农场，蒜头优美，表皮如丝般光滑，蒜瓣外层呈粉红色，内层呈奇特的红褐色。可以编成美丽的蒜辫。成熟晚，口味宜人而强烈，每头8至12个蒜瓣。平均储存期为11个月。

迪瓦尔玫瑰

源自普罗旺斯，淡淡的粉红色，以火热辛辣的味道而闻名于世。蒜头引人注目，蒜瓣呈漂亮的红色。蒜瓣分为几层，但没有条纹。

S&H银膜

源自俄勒冈州威拉米特谷葡萄酒酿造区的S&H有机土种植区，口味丰厚，余味温和。但是储存越久，生食就越火辣。与其他银膜大蒜品种不同的是，S&H银膜很少有细小的蒜瓣。

银白

银白的蒜头呈美丽的乳白色，蒜瓣呈深红色。味道丰富深厚，初入口时味道温和，但十五秒钟之后，味道会发展成持久不断的火辣。

克里奥尔

曾被认为是一个银膜品种，如今被确认为一个独特的品种。包皮为亮白色，蒜瓣颜色华丽夺目，有粉红色，也有深紫色。最初在西班牙种植，后被西班牙征服者们传遍欧洲，再由西班牙探险者带入美国。通常是甜味，耐储存。克里奥尔在南方冬季气候温和的地区表现最佳，因为它们在阳光充足下才能生长旺盛。

生食味道饱满、温暖但不过于火辣。需要了解的重要一点是，此大蒜品种在最后时期才能长出蒜瓣，所以种植者要谨记不要太早收割，这种大蒜要等到叶柄差不多彻底枯萎时才能收割。每头有5至9个蒜瓣，平均储存期9至10个月。

红蒜

红蒜白色的包皮除去后会展现出美丽诱人的玫瑰红色蒜瓣，上有红色、紫色和栗色斑纹。初入口时味道甜美，然后越来越强。余味与其说是火辣，不如说是温暖。

勃艮第

不如红蒜辛辣，味道甜美醇厚，余味是温和的辛辣。包皮呈深玫瑰红色，蒜瓣呈美丽诱人的勃艮第葡萄酒色，其名称由此而来。大多数克里奥尔大蒜蒜瓣是瘦长的，而勃艮第蒜瓣则是短胖的。

克里奥尔红

大蒜种植者、作家切斯特·艾伦在他的著作《大蒜人生》发行期间，曾经周游全国进行50个大蒜品种的品尝活动，克里奥尔红广受大众喜爱，在投票中名列榜首。令北方种植者感到不幸的是，它在南方温暖的气候条件下生长要好得多。

古巴紫蒜

这个来自西班牙的克里奥尔品种本来被称作卡斯特罗红，是以菲德尔·卡斯特罗的名字命名的。后来，据我猜测，某个营销者认为这个名字不利于造就伟大的品牌，所以如今被称作古巴紫蒜。本品种味道甜美、柔和，而且丰富，是极好的调味生蒜，能满足大众不同的口味。按梅瑞迪斯的说法，所有克里奥尔大蒜都适合在温暖的气候条件下生长，但古巴紫蒜在极为炎热的气候条件下生长特别旺盛。

世界各地大蒜节

吉尔罗伊大蒜节

举办第一届吉尔罗伊大蒜节时，只印制了5000张门票，但是却出现了1.5万人。志愿者们不得不在售出门票后，再收集回来，赶紧送回售票处，以便再次出售。那是在1979年，对大蒜还有某些争议，无疑是属于下流社会的时候。

几年前，我加入了吉尔罗伊这个亲切、有趣、家庭气氛浓厚的节日的狂欢者行列。我品尝了大蒜冰淇淋，借用作家大卫·福斯特·华莱士的话说，这是一件我恐怕永远不会再做的有趣的事情。我在美食街品尝了吉尔罗伊炸蒜，还品尝了一大盘大蒜节的热门厨师烹调的大蒜龙虾。热门厨师们以壮观的烧烤菜肴而闻名，火焰会蹿到空中1.5米高。

我观看了厨艺大赛的决赛，获胜的菜肴给人以甜蜜的惊喜，竟是大蒜山羊奶酪与蜂蜜调制的辣蒜奶油饼。获胜者安德鲁·巴斯头戴令人垂涎的大蒜王冠，并获得1000美元奖金。我学会了怎么编蒜辫，离开的时候，收获是一个在吉尔罗伊大蒜节上赢得的围裙，因为我是厨艺大赛中露天体育场内唯一知道一句印度谚语结尾的人。这句谚语是“大蒜好似——”结尾应该是“十位母亲”，不是“性爱”，不是“巧克力”，也不是“任何其他东西”。

哈德逊峡谷大蒜节

美国第二大大蒜节是纽约索格蒂斯的哈德逊峡谷大蒜节。吉尔罗伊大蒜节只推崇加州白蒜，而纽约大蒜节的特点是大蒜品种多样，这是我最喜欢的大蒜节。第一届大蒜节，我是在第二天去的，但现在我保证第一天就去，因为据说到了第二天，有些展出者会因为第一夜的聚会感到心情不快。

并非美国文化粉丝的弗洛伊德可能会厌恶大蒜节。这位心理分析之父曾经对一位病人说："你们美国人就是这样。大蒜是好的，巧克力是好的。让我们在巧克力上加点蒜，然后把它吃掉吧。"哈德逊峡谷大蒜节上受欢迎的食品是当地巧克力大亨奥利佛·基塔的美味诱人的大蒜松露。基塔还掀起了万圣节烤大蒜牛奶糖的热潮。

法国洛特雷克玫瑰大蒜节

洛特雷克是法国的一个美丽的小村庄，以美味精致的玫瑰大蒜而闻名于世，于每年8月的第一个星期五举办大蒜节。略带诗意的是，你得把车停在收获过的大蒜田里。大蒜节以大蒜兄弟会的游行开始，他们身穿中世纪风格的长袍，手擎旗帜，与他们同行的是各界同仁，从波尔多葡萄酒的生产商到胡萝卜种植者。大蒜节的亮点是提供免费的大蒜汤（伴以免费的玫瑰酒）。在你撇去上面白色浮层之后，大蒜汤看上去像水，但不要因此而打消品尝的念头。实际上，在清汤里放入细面条，柔和的大蒜味道是极其美好的。

日本本町大蒜节

本町市是日本最大的大蒜生产区，每年10月份举办啤酒和大蒜节。

因其位置靠近美国三泽空军基地，美国乡村音乐、舞蹈和“日本风格的”德克萨斯烧烤便成了该节日的特色。本町和加州吉尔罗伊是姊妹城市，因此每年“吉尔罗伊大蒜皇后”及其“宫廷官员”都会参加本町大蒜节。作为回应，本町也会派代表团参加吉尔罗伊大蒜节，初高中的学生每年也会到吉尔罗伊参观。本町还有一个以吉尔罗伊咖啡为其特色的大蒜中心和一个混合型餐馆，有大蒜拉面和大蒜冰淇淋等各种菜肴。

日本大蒜餐馆已经遍及吉尔罗伊及沿海地区。像吉尔罗伊咖啡一样，大蒜情人餐馆也表现出对吉尔罗伊的敬意，其店面装潢类似于“古老风格的吉尔罗伊农舍……在那里我们可以感受到广袤的大蒜田野的温暖”。大蒜情人餐馆最近已经扩张到美国，在纽波特比奇为那些思念吉尔罗伊的北加州人建立了一个连锁店。另一个连锁店Ninnikuya（日语“大蒜的变体”）在东京、北海道和夏威夷供应世界各地的大蒜食品。在冲绳的Arin Krin（大蒜餐厅），则大量供应上浇蒜泥蛋黄酱的油炸大蒜。

第二部分

大蒜食谱

食谱单 / 大蒜处理与准备 / 蒜汁、蒜酱和调味料
面包、比萨饼和意大利面 / 汤类 / 沙拉和沙拉酱
开胃菜 / 鸡肉类 / 羊肉类 / 牛肉类 / 猪肉类 / 海鲜类 / 素菜类
配菜类 / 甜点类 / 传统食谱

食谱单

蒜汁、蒜酱和调味料

* 烤大蒜鹰嘴豆泥（黎巴嫩鹰嘴豆蘸）
* 蒜香土豆泥蘸料（希腊土豆大蒜蘸）
* 土耳其酸乳酱
* 北非浓味辣椒酱（辣椒酱）
* 蒜泥蛋黄酱
* 意大利香蒜酱（意大利罗勒大蒜奶酪酱）
* 蒜薹酱
* 印度蒜辣酱
* 利比亚辣蒜酱（辣椒蒜酱）
* 埃及蚕豆大蒜辣酱
* 也门大蒜芫荽酸辣酱
* 乔治亚石榴汁泡蒜
* 日本味噌腌蒜
* 朝鲜泡菜

面包、比萨饼和意大利面

* 干酪大蒜面包
* 俄罗斯大蒜圆面包
* 那不勒斯莴苣沙拉比萨
* 蒜香橄榄油意大利面

汤类

* 白色西班牙凉汤
* 粉红色大蒜汤
* 伊丽莎白 · 大卫大蒜汤
* 卡斯提尔面包香蒜汤
* 大蒜干酪麦芽酒汤
* 奥地利奶油大蒜汤
* 哥伦布鸡汤
* 大蒜莴苣白菜豆汤
* 葡式鱼汤

沙拉和沙拉酱

* 希腊甜菜大蒜沙拉
* 摩洛哥茄子沙拉
* 蒜味番茄沙拉
* 西班牙蒜味菊苣沙拉
* 烤蒜藜麦沙拉
* 大蒜奶油沙拉酱
* 烤蒜沙拉酱
* 大蒜柠檬沙拉酱
* 亚洲沙拉酱

开胃菜

* 烤蒜蘑菇白菜馅锅贴
* 啤酒炸蒜瓣
* 咖喱饺子
* 蒜蓉虾
* 犹太式油炸洋蓟

鸡肉类

* 伊丽莎白·大卫柠檬蒜汁烤鸡
* 咖喱鸡
* 核桃酱火鸡（乔治亚大蒜核桃酱火鸡）
* 非洲鸡
* 罗马尼亚炖鸡
* 安哥拉鸡肉曼巴
* 法式炖鸡
* 蛋黄酱烤鸡

羊肉类

* 西姆卡普罗旺斯羊肉
* 羊肉抓饭
* 新疆羊肉与辣肉串
* 泰式咖喱羊肉

牛肉类

* 麦芽酒酸菜香肠
* 红焖牛胸肉
* 芥末－大蒜－香草硬皮牛里脊肉
* 大蒜辣根汤料
* 越南大蒜－胡椒粉－酸橙牛肉

猪肉类

* 菲律宾焖猪肉
* 泰国蒜炒猪肉
* 古巴柑橘蒜汁手撕猪肉

海鲜类

* 法国海鲜羹
* 红辣蒜泥蛋黄酱
* 普罗旺斯蒜泥蛋黄酱
* 烩鱼汤
* 巴哈拉芫荽蒜酱炸鱼
* 新加坡蒜辣炒虾
* 印度大蒜虾
* 汤料
* 上海香辣小龙虾
* 姜蒜蘸酱轻炸鲣鱼片
* 姜蒜蘸酱

素菜类

* 蒜蓉炒生菜
* 鱼香茄子
* 印度咖喱
* 阿根廷蒜酱豆腐
* 青蒜调味饭
* 烤蒜蛋奶酥

配菜类

* 哈斯贝克马铃薯（手风琴马铃薯）
* 大蒜土豆泥
* 玉米面粥
* 烤蒜凤尾鱼炒甘蓝菜叶
* 蒜炒羽衣甘蓝和白豆

甜点类

* 大蒜胡桃酥
* 大蒜胡桃酥巧克力酥饼
* 烘烤大蒜巧克力松露
* 烤蒜咖啡冰淇淋
* 烤蒜焦糖蛋奶

传统食谱

* 肥油大蒜洋葱酸乳猪血炖山羊肉
* 大蒜洋葱麦芽面饼牛奶炖鸟肉
* 油脂茴香芫荽韭葱大蒜红烧萝卜
* 大蒜乳酪
* 酒焖葱蒜兔肉

大蒜处理与准备

本书中的菜肴以几种不同的形式使用大蒜：整头大蒜、蒜辫、剥皮大蒜、未剥皮大蒜、压碎的蒜、切碎的蒜、蒜泥、蒜片和烤蒜。

*** 大蒜用量**

有的菜肴需要整头大蒜，有的需要数瓣大蒜，还有的需要用汤匙或杯子量取一定的数量。以下是关于大蒜用量的基本说明：

1头大蒜＝8至10个蒜瓣

1个蒜瓣＝一茶匙切碎的蒜

1杯蒜瓣＝6盎司大蒜

*** 剥出一头整蒜的蒜瓣**

用一块布把蒜头包住，然后把蒜头放在工作台面，用力下压蒜头，同时在台面上滚动。蒜皮会爆开，蒜头就分成了蒜瓣。

*** 给大蒜剥皮**

如果你想把蒜捣碎或做成蒜泥，最简单的办法是把菜刀平放在蒜瓣上，然后抡拳重击刀面。

如果你想保留完整的蒜瓣，可以用削皮刀削掉蒜瓣的顶端，然后把蒜皮剥下。

*** 把蒜切碎**

用刀切碎大蒜的方法：用一只手按住刀尖上部形成支点，然后用刀锋上下移动，时而用刀面把蒜碾碎，然后再把蒜拢到一起。

如果你需要切碎很多大蒜，可以用食品加工机或搅拌器。

*** 加工蒜泥**

加工蒜泥的第一步是先按上一步描述的那样把蒜切碎。把蒜均匀切碎后，在上面撒一些盐。刀身差不多与工作台面持平，用刀刃在工作台面上来回碾压大蒜，直到碾成蒜泥。

烤蒜

把烤箱预热到325华氏度。准备一片大小适中的锡箔纸。切掉蒜头上部的1/4。把蒜头切面朝上放在锡箔纸中央，在上面喷洒一些橄榄油。把锡箔纸四角拉向中央做成一个小袋，然后把四角拧在一起以确保袋子封闭。

把锡箔纸袋放在一个小烤盆或中等大小烤盘之内。烘烤45分钟，直到把蒜瓣烤软，汁液变成棕色。

烤蒜泥

等到大蒜仍然温热但已经可以操作之时，把蒜瓣从蒜皮中挤出放入碗内。用餐叉把烤蒜捣成均匀的蒜泥。

可以提前两天制作烤蒜和蒜泥。把蒜泥放在容器里，往上面倒一些油。把容器盖紧，置于冰箱内存放。

蒜汁、蒜酱和调味料

烤大蒜鹰嘴豆泥（黎巴嫩鹰嘴豆蘸）

烤大蒜鹰嘴豆泥是用整头烤蒜制成，据说是黎巴嫩人发明的。上层覆盖一种用干药草、芝麻和盐混合的扎阿塔尔香料。

2杯量

材料：

2杯烹制好的或罐装的鹰嘴豆，洗净沥干

1头大蒜，制成烤蒜泥

1/4杯温水

2汤匙芝麻酱

1个柠檬，榨汁

1/4茶匙粗盐

1/4杯特级初榨橄榄油，待用

切碎的西芹，装饰用

扎阿塔尔香料，装饰用

做法：

1.在食品加工机内混合鹰嘴豆、大蒜、温水、芝麻酱、柠檬汁和盐，把混合物制成均匀清亮的浓汁。可以加少量水或柠檬汁调整浓度。此鹰嘴豆泥可以存放在加盖的容器内，在冰箱里储存三天。

2.食用：在鹰嘴豆泥达到室温后，用汤匙盛入碗内，倒入橄榄油，再撒上西芹、辣椒粉或扎阿塔尔香料。与蔬菜沙拉、比塔饼或其他扁面包、薄脆饼等一起食用。

蒜香土豆泥蘸料（希腊土豆大蒜蘸）

蒜香土豆泥（Skordalia）是由希腊语和意大利语中的大蒜构成的，因此其含义实际上是“大蒜味的大蒜”。在某些传统做法中，可能用浸泡的陈面包代替土豆（或者干脆什么主食都不用）。但不管用什么主料，这个菜实际上都是围绕着大蒜、橄榄油和柠檬汁而展开的。它在整个希腊是很受欢迎的调味酱，可以和炸鱼一起食用或单独食用（可能带上一盘野菜沙拉），或者简单地涂抹在面包或饼干上食用。如果可能，就用一只大木碗来搅拌蒜香土豆泥。木质表面有助于使土豆泥更加均匀细腻。

2杯量

材料：

2个褐色大土豆，去皮，切成小方块

1茶匙粗盐，分开

6个蒜瓣

1个大蛋黄

3/4杯特级初榨橄榄油，可以按需要分别添加

1/4杯新鲜柠檬汁

3汤匙白酒醋

新鲜黑胡椒粉，调味用

做法：

1.把土豆放入锅内，加入足够的凉水，至少盖过土豆一英寸。加1/2茶匙盐。用中火慢煮10至12分钟，直到土豆变软容易捣烂。然后用漏勺沥干。

2.用杵把大蒜和剩下的盐在一个大碗里（最好用木碗）捣碎，直到大蒜变成蒜泥。逐步加入热土豆，每次要把土豆和大蒜完全搅拌均匀，再加入更多土豆。

3.加入蛋黄，用杵或木勺搅拌。加入大约1/4杯橄榄油，继续搅拌直至混合物均匀。加入柠檬汁，搅拌均匀。再加入1/4杯橄榄油，然后加入白酒醋，最后再加入1/4杯橄榄油。每次添加前都要搅拌均匀。

4.如果太稠不能做蘸料，可以再加入一些橄榄油，或者加一些水，每次加一点儿。加入胡椒粉调味。此蘸料可以提前两天准备。把蘸料放入容器，盖严，在冰箱里储存。食用前让蘸料回归室温，检查其浓度和味道。

5.可以直接在原来的碗里，也可以放到另一个碗里食用。与生菜色拉、比塔薯片、百吉饼或薄脆饼等一起食用。

土耳其酸乳酱

如这个食谱中所要求的那样，如果用研钵和乳钵杵操作，会得到味道极佳的土耳其酸乳酱。但如果只是简单地用餐刀把大蒜捣成酱，再把所有材料搅拌在一起，也不会有任何问题。

1杯量

材料：

4瓣大蒜，剥皮

1茶匙粗盐

1杯希腊酸奶

1/2茶匙辣椒酱，或者根据口味添加更多

特级初榨橄榄油，待用

做法：

1.用乳钵杵在研钵内把大蒜和盐捣烂，直到大蒜成泥。

2.加入酸奶和辣椒酱，用乳钵杵搅拌均匀。此酸乳酱可以提前一天准备，然后放在容器内，盖严，在冰箱里储存。

3.直接在研钵里食用，或者放入另一个碗里食用。食用前在上面浇上橄榄油。

4.与生菜沙拉、比塔饼或薄脆饼一起食用，也可以和烤肉串、烤肉、炒菜或美味的炸饼等一起食用。

北非浓味辣椒酱（辣椒酱）

用于北非摩洛哥、突尼斯和阿尔及利亚菜肴之中。可以做色拉调味汁、汤、意大利面、谷类食物、三明治以及鱼、肉、禽类腌泡汁的佐料。

1杯量

材料：

6盎司干红辣椒（如法属圭亚那红辣椒或迪阿波辣椒）

12瓣大蒜，剥皮

1汤匙芫荽粉

1汤匙茴香粉

1汤匙香芹籽粉

1汤匙盐

1/2杯碎胡荽叶

1/2杯特级初榨橄榄油，留出更多备用

做法：

1.在食品加工机内混合辣椒、大蒜、芫荽粉、茴香粉、香芹籽粉和盐，然后间歇开关震动加工机，直到混合物大致成为糊状。

2.加入胡荽叶，盖上盖子，在加工机运行时，从进料口缓缓倒入橄榄油，持续操作直到糨糊细腻均匀。

3.北非浓味辣椒酱可以保存两个星期（甚至更久）。放在罐子里，上面覆盖一层橄榄油，盖紧罐口，存放在冰箱里。每次使用后要重新覆盖一层橄榄油。

蒜泥蛋黄酱

这是传统的法式酱料，可以作为调味酱与水煮鱼或烤鱼一起食用，也可以拌入汤或炖菜，或者作为三明治涂抹酱。

1杯量

材料：

1个大蛋黄，室温

3瓣大蒜，切碎

粗盐，调味

3/4杯特级初榨橄榄油

2茶匙柠檬汁，可根据需要另行添加

新鲜黑胡椒粉，调味

做法：

1.手工制作蒜泥蛋黄酱：把蛋黄放在中号碗内，加入大蒜和一撮盐，搅拌均匀。边搅拌边依次加入橄榄油，直到一半橄榄油融入蛋黄。加入柠檬汁搅拌均匀，再边搅拌边加入橄榄油，每次加一点儿，直到所有的橄榄油都融入调味酱。用柠檬汁、盐和胡椒粉调整口味。

2.用搅拌器制作蒜泥蛋黄酱：把蛋黄和大蒜放入搅拌器罐内，搅拌几秒钟，等材料混合后加入一撮盐，然后在搅拌过程中从罐口倒入一半的橄榄油。在搅拌器运作过程中加入柠檬汁，然后再加入橄榄油，直到所有橄榄油都融入调味酱。用柠檬汁、盐和胡椒粉调整口味。

3.蒜泥蛋黄酱可以提前三天准备。用封盖的容器在冰箱里存放。

意大利香蒜酱（意大利罗勒大蒜奶酪酱）

意大利香蒜酱可以拌入汤内或意大利调味饭内食用，也可以用作色拉调味汁成分或三明治涂抹酱、比萨饼上层配料等。要想用于意大利面食，一定要阅读本菜谱后面的说明。

1杯量，足够用于1磅干意大利面

材料：

2至3瓣大蒜，粗略切碎

2杯罗勒（只用叶子，不用茎和花）

1/3杯松子

1/2杯特级初榨橄榄油，留出更多备用

1/3杯磨碎的意大利干酪

粗盐和新鲜黑胡椒粉，调味用

做法：

1.用食品加工机制作意大利香蒜酱：把大蒜放入食品加工机内，粗略捣碎。每次加入一两把罗勒，粗略捣碎。加入松子，开关加工机数次，把松子、罗勒、大蒜一起磨碎。刮净碗边。在搅拌过程中从罐口倒入橄榄油。继续搅拌香蒜酱，直到其均匀清亮但仍然有一定质感。把香蒜酱放入碗里，用汤匙拌入干酪。用盐和胡椒粉调味。

2. 用乳钵和乳钵杵制作意大利香蒜酱：用乳钵杵在乳钵中把大蒜捣成蒜泥。加入罗勒，每次一两把，然后把混合物大致捣碎。加入松子，用乳钵杵捣入香蒜酱。加入橄榄油，每次一勺，同时用乳钵杵将其拌入罗勒混合物，直到所有橄榄油都融入香蒜酱，使之均匀平滑而又有浓稠的质感。拌入干酪、盐和胡椒粉。

3.到现在为止，香蒜酱已可食用（见说明）。保存方法：把香蒜酱放入容器，上面覆盖一层油，把容器口盖严，可在冰箱中储存两天。要储存更长时间，可以把装有香蒜酱的小型容器冷冻，可保存两个月之久。

说明：

用于意大利面食方法：按照包装说明烹调意大利面。当意大利面基本熟透时，用漏勺把面沥干，放入加热过的碗里。加入香蒜酱和大约半杯煮面热水。摇动意大利面和香蒜酱使其混合。如果香蒜酱太稠的话，加入剩下的热水。立即食用。

蒜薹酱

蒜薹成熟时，应该剪掉，这样养分就会供应蒜头，而不会浪费在叶柄上。蒜薹的季节很短，通常是在初夏。蒜薹比大蒜更加柔和。

2杯量

材料：

1磅蒜薹，切碎

3/4杯磨碎的科佩里诺罗马诺干酪

1杯特级初榨橄榄油，留出更多备用

1汤匙柠檬汁

1/4茶匙红辣椒片（可用可不用）

新鲜黑胡椒粉，调味用

做法：

1.用食品加工机制作蒜薹酱：在食品加工机中放入蒜薹和科佩里诺罗马诺干酪，粗略打碎。在加工机操作过程中从罐口倒入橄榄油。持续搅拌，直到其均匀清亮但仍然有一定质感。把蒜薹酱放入碗中，拌入柠檬汁、红辣椒片（如果使用的话）和黑胡椒粉。

2.用乳钵和乳钵杵制作蒜薹酱：用乳钵杵在乳钵中把蒜薹粗略捣碎。加入科佩里诺罗马诺干酪，将其捣入蒜薹泥，在与蒜薹泥混合的过程中，每次加入少量橄榄油，搅拌均匀。持续操作，直到所有橄榄油都融入蒜薹酱，使之均匀平滑而又有浓稠的质感。拌入柠檬汁、红辣椒片（如果使用的话）和黑胡椒粉。

3.到现在为止，蒜薹酱已经可用食用。储存方法：把蒜薹酱放入容器，上面覆盖一层油，把封口盖严，可以在冰箱中储存两天。要储存更长时间，可以把装有蒜薹酱的小型容器冷冻，可保存两个月之久。

印度蒜辣酱

此辛辣调味酱来自孟买，在那里被称作马哈拉施特拉，是用大蒜、罗望子和大量干红辣椒制成的。一般和孟买查提斯（街头食物），特别是炸土豆饼一起食用。

1杯半量

材料：

1杯未加糖椰蓉

1/4杯芝麻

4个干烤红辣椒

1汤匙烤咸花生

1头大蒜，蒜瓣分开剥皮，粗略切碎

1茶匙罗望子酱

粗盐，调味用

做法：

1.用中火在平底煎锅中焙烤椰蓉大约2分钟，不停搅拌，直至椰蓉成金黄色，然后马上放入一个凉碗之中。把煎锅放回，加入芝麻焙烤大约2分钟，不停搅拌，直至芝麻成金黄色。把芝麻加入盛椰蓉的碗里。在煎锅里加入辣椒，焙烤两面大约1分钟，直至柔软有弹性。

2.在食品加工机内混合辣椒和花生，把混合物粗略打碎成粉。加入椰蓉、芝麻、大蒜、罗望子酱和盐。把混合物搅拌均匀，粗略磨碎。

3.可以提前两周制作印度蒜辣酱。放入容器盖严，在冰箱内储存。

利比亚辣蒜酱（辣椒蒜酱）

利比亚辣蒜酱常常与北非浓味辣椒酱相比较。掺入一点儿油，可以给烤蔬菜增添风味，也可以浇在摊鸡蛋上，还可以加入药草和油，作为肉类、禽类或鱼类的腌泡汁。做这个菜时需要小心，因为虽然程序简单，但在炒辣椒的时候，也很容易吸入辣椒粉。用一块布盖住嘴和鼻子是很好的预防措施。

1杯半量

材料：

1个大安可干辣椒或巴西拉干辣椒（1/3盎司），或者其他微辣的干辣椒

4汤匙红辣椒粉

3汤匙红色甜辣椒粉

2茶匙茴香粉

1茶匙半香芹籽

20瓣大蒜（大约2.75盎司），剥皮

3/4茶匙粗盐

6汤匙特级初榨橄榄油，准备更多备用

做法：

1.把安可干辣椒放入一个小碗，用热水浸泡大约50分钟，直至其软化。沥干辣椒，把浸泡液倒掉。去掉辣椒籽和叶柄，把辣椒切成厚片。

2.在一个平底锅里加入红辣椒粉、红色甜辣椒粉、茴香粉和香芹籽。用中火烘烤香料大约2分钟，摇晃平底锅或轻轻搅拌香料，直到发出香味。然后马上把香料放入食品加工机，加入切碎的辣椒、大蒜和盐。开关加工机数次，把大蒜磨成粗略的糨糊。然后，在加工机运行

过程中，从罐口倒入橄榄油，把混合物加工成黏稠的糨糊。

3.现在利比亚辣蒜酱已经可用食用。储存方法：把蒜辣酱放入瓶内，上面覆盖一层油。把瓶口盖紧，放入冰箱保存。可以保存6个星期。每次食用部分辣蒜酱后，要重新覆盖一层油。

埃及蚕豆大蒜辣酱

埃及的传统食物，一般是在早餐时和煎鸡蛋、比塔饼一起食用。传统的做法是用铜锅在前一晚把干蚕豆烹调妥当。在整个中东地区都很流行，但有地方差异。本食谱中包括了阿勒颇辣椒粉，这是一种带有烟味、辣度适当的辣椒，得名于叙利亚美食之都阿勒颇，在那里被称作哈拉比辣椒。

2杯半量

材料：

2杯半烹调过或罐装剥皮蚕豆，洗净沥干

1/4杯新鲜柠檬汁

1/4杯特级初榨橄榄油，留出更多备用

4瓣大蒜，剥皮，捣成蒜泥

2茶匙茴香粉

1/2茶匙阿勒颇辣椒粉

粗盐和新鲜黑胡椒粉，调味用

2个煮鸡蛋，每个切成6半，装饰用

2汤匙切成细碎的西芹，装饰用

做法：

1.把蚕豆放入炖锅，加水没过蚕豆。用中火把水煮沸，熬煮蚕豆8分钟左右，直至变软。

2. 用马铃薯捣碎器或木勺背把部分蚕豆捣烂，使锅内液体变稠。加入柠檬汁、橄榄油、大蒜、茴香粉、辣椒、盐和胡椒粉，搅拌均匀。

3.食用时，把蚕豆大蒜辣椒盛入加热过的碗里，或者单个碗里，用鸡蛋和西芹装饰，在上面淋洒橄榄油。

也门大蒜芫荽酸辣酱

流行于也门，在那里可以作为很多食物的调味酱。可以根据自己的口味使用不同品种和不同分量的辣椒。

3杯量

材料：

1茶匙茴香籽

1茶匙黑胡椒籽

4个泰国绿辣椒，切碎

4个墨西哥辣椒，去籽，去梗，切成细丝

2把意大利香菜，粗略切碎（只用叶子）

2把芫荽，粗略切碎（叶子和嫩茎）

12瓣大蒜，切成细碎

6个青葱，切成薄片

2茶匙粗盐

1/4杯特级初榨橄榄油，或根据需要用量

做法：

1.用中火把茴香籽和黑胡椒籽在平底煎锅中烘烤大约2分钟，直至散发出香味但不焦煳，然后马上放入香料粉碎机中，待冷却后，把它们粉碎。

2.在食品加工机中混合辣椒、芫荽、意大利香菜、大蒜和青葱。加入香料和盐。开关加工机数次，把混合物大致粉碎。在加工机运作过程中，从罐口缓缓倒入橄榄油，直至混合物变得粗糙但质地均匀。

3.也门大蒜芫荽酸辣酱可以存放2个月（甚至更久）。放入瓶内，上面覆盖一层油。盖紧瓶口，在冰箱里存放。每次食用后重新覆盖一层油。

乔治亚石榴汁泡蒜

用石榴汁腌制大蒜，是俄罗斯乔治亚市场流行的小吃。将其放入泡菜盘或调味盘，看上去如鲜红的宝石一般。

1品脱容器量

材料：

2大头蒜

3汤匙粗盐，或更多些

1/2杯未加糖石榴汁

2/3杯白酒醋

1/2茶匙黑胡椒籽

1/4茶匙红辣椒粉

做法：

1.剥掉蒜头外皮，但保留蒜瓣皮和蒜头根部。把蒜头放入容器，在上面撒盐。

2.用小炖锅把石榴汁和白酒醋煮沸，然后炖锅离火，加入盐、胡椒籽和辣椒粉搅拌均匀。把热汤浇在大蒜之上。如果大蒜没有完全没入热汤，团一个铝箔球放在大蒜顶部。容器密封后，铝箔球会把大蒜挤入液体下面。

3.把容器盖严放入冰箱，让大蒜发酵两周至三个月。口味会随时间不断衍变。

4.食用时，用锋利的削皮刀从蒜头根部1/4英寸处把蒜瓣切下。剥去蒜皮，得到蒜瓣。

日本味噌腌蒜

传统日本美食，在味噌（发酵的豆瓣酱）中发酵大蒜。可以作为腌菜单独食用，也可以和任何需要大蒜的菜肴一起食用。本食谱的目的是保留完整的大蒜，所以，要把大蒜根部切掉后手工给大蒜剥皮，而不要使用“捣碎”技术。你所得的回报将会是用味噌和甜米酒腌制出的独特美味的大蒜。

1品脱容器量

材料：

1/2磅大蒜

1杯味噌

1/4杯甜米酒

做法：

1.剥出蒜瓣，然后把根部切掉。剥掉外皮，然后细心剥去每瓣蒜薄膜般的包皮。

2.把一锅水烧至滚开。加入蒜瓣煮2分钟。滤出大蒜，拍干备用。

3.在碗中混合味噌酱和甜米酒，用餐叉搅拌均匀。在玻璃容器底部倒入少量味噌混合酱料。加入一层蒜瓣，然后在上面再覆盖一层酱料，持续上述操作，直到用完所有蒜瓣和酱料。酱料一定要盖住所有蒜瓣。

4.食用时，用汤匙或餐叉取出所需蒜瓣。刮去或洗掉酱料，用纸巾把蒜瓣擦干后食用。在擦干和食用之前也可以清洗蒜瓣。

朝鲜泡菜

做泡菜需要耐心。朝鲜人一般要把一罐泡菜埋入地下发酵达数月之久。虽然在发酵两三天之后你就可以食用泡菜，但是等待时间越久，其味道就越美。

4个1夸脱容器或1个1加仑容器量

材料：

2棵大白菜

1杯零1汤匙粗海盐或粗盐

8杯水

1头大蒜，分开蒜瓣，剥皮

1个（2英寸）老姜，切片

1/4杯鱼露或朝鲜腌虾

1根白萝卜（亚洲萝卜），去皮，磨碎

1把大葱，切成一英寸长块

1/3杯朝鲜辣椒粉（或代之以同等量的红辣椒粉）

1茶匙糖（可用可不用）

芝麻油，食用时用

芝麻（可用可不用），食用时用

做法：

1.把大白菜纵向切为两半，然后切成2英寸长条，放入一个大碗之中。用水把一杯盐溶解，倒在大白菜上，浸泡4至8个小时。

2.在食品加工机或搅拌机中混合大蒜、姜、鱼露或腌虾，把混合物搅碎成泥。

3.制作白萝卜馅：在一个大碗中混合白萝卜、大葱、大蒜混合物、辣椒粉、1茶匙盐和糖（如果使用的话）。用夹具或戴手套的手轻柔而彻底地搅拌。

4.从盐水中取出大白菜，用凉水冲洗干净，然后沥干。尽量把水分挤出。每次操作一个长条，拿出外层最大的叶子做外包装。在叶子之间填入少量白萝卜馅，从最外层的大叶子到最里层的小叶子顺序操作。用留出的大叶子把白菜包住。把菜卷放入1加仑罐子中（或四个1夸脱罐子），用力下压白菜，消除空气。

5.把罐口盖严，放在凉爽之处（65华氏度）发酵2至3天。每日检查罐子。如果盖子膨胀，要打开罐子释放压力。在冰箱内持续让泡菜发酵2周至3个月。味道会随时间变化。

6.食用时，淋上芝麻油或撒芝麻。

面包、比萨饼和意大利面

干酪大蒜面包

在这个食谱中，用奶油－干酪－药草合成的涂抹酱可以用于三明治，也可以作为煎蛋卷的馅，美味可口。一旦你尝到甜头，可能会在手头准备双倍的材料。你甚至可以把它做成球形，上面滚上坚果，就成了传统的干酪球，为下一次聚会增添光彩。

8人量

材料：

1/2杯奶油，室温

4个蒜瓣，捣成泥

1/4磅碎意大利干酪

1/4磅碎切达干酪

3汤匙切碎的西芹

2汤匙切碎的罗勒

少量打碎的黑胡椒或红辣椒

1大条脆皮意大利面包

做法：

1.把烤箱预热至400华氏度。

2.在食品加工机内混合奶油、大蒜、意大利干酪、切达干酪、西芹、罗勒和胡椒，搅拌均匀。也可以用木勺在碗里操作。

3.把脆皮意大利面包切成1/2英寸厚片，选好角度，面包片只切到2/3处，下面的1/3不动。在面包片之间均匀涂抹馅料。用锡箔纸轻轻包住面包，把四角和周边叠起，把面包完全包住。

4.把包裹住的面包放入烤盘，烘烤大约20分钟直至馅料融化。去掉锡箔纸，把面包放回烤箱再烘烤5分钟。

5.马上食用。

俄罗斯大蒜圆面包

这种面包传统上是和俄罗斯甜菜浓汤一起食用的，但它和任何汤类或炖菜相配都是完美的，还可以在意大利面食晚餐上作为普通大蒜面包的替代品。

12个

材料：

3/4盎司（1小包半）活性干酵母

2杯温水

3杯半面粉

1汤匙糖

1茶匙粗盐

1个大蛋黄

2汤匙牛奶

1汤匙植物油

蒜酱材料：

1汤匙橄榄油

3个蒜瓣，切碎

1汤匙水

少量盐

做法：

1.在立式搅拌机碗内或在大搅拌碗内混合干酵母和水。等待大约5分钟，直到酵母起沫。

2.加入面粉、糖和盐，把搅拌机调到低速，或用木勺搅拌3至4分钟，直到面团均匀湿透，看上去松软有弹性。用搅面机中速搓揉面团大约4分钟，直至表面光滑，也可以再撒上面粉，手工揉面大约10分钟。

3.把面团揉圆放入抹油的碗内。用干净餐巾或塑料保鲜膜把碗盖住，在温暖环境大约1小时，让面团发酵至两倍大。把面团折叠两三次，然后取出放在撒过面粉的工作台面。把面团均匀切成12块，把每块均匀揉圆，放入轻微擦过油的长方形烘烤盘内（9×13英寸）。用干净餐巾或塑料保鲜膜把面团盖住大约30分钟，直到发酵至两倍大。

4.面团发酵时，把烤箱预热至350华氏度。把蛋黄、牛奶和油搅拌到一起，然后刷到面团的上面和四周。

5.混合油、水、大蒜和盐，制成蒜酱。

6.烘烤面团大约20分钟，直至面团彻底烤熟，上下成金黄色。在面

团上均匀刷抹蒜酱，然后放回烤箱再烘烤2分钟。

7.趁热食用。

那不勒斯莴苣沙拉比萨

用干盐保存的刺山柑往往比用盐水浸泡的刺山柑更加美味爽口，但这些是可以替代的。据说，最佳的盐制刺山柑来自西西里潘泰莱里亚岛。

6人量

材料：

2磅（2棵）莴苣，叶子切开

2汤匙橄榄油

3个蒜瓣，剥皮切成细片

10个黑橄榄，去核切片

1（2盎司）罐装凤尾鱼，切碎

1/2杯松子

1/2杯黑葡萄干

1汤匙盐制刺山柑，洗净沥干

新鲜黑胡椒粉，调味用

1磅比萨面粉

做法：

1.把烤箱预热至400华氏度。

2.把一大锅盐水烧开，加入莴苣，搅拌使之完全没入水中，文火煮大约5分钟煮软。用漏网沥干莴苣，用冷水冲洗。莴苣冷却之后，用手挤出多余水分，然后粗略切碎。

3.中高火在平底煎锅中把油加热。加入大蒜、橄榄、凤尾鱼、松子，持续翻炒大约1分钟，直至大蒜变为金黄色。加入莴苣，开盖翻炒大约10分钟，直至出味，炒出大部分水分。加入葡萄干和刺山柑翻炒。用胡椒粉调味。让馅料冷却至室温，同时准备面团。

4.把面团分为两块：一块大约三分之二，另一块大约三分之一。把较大的一块铺开成为直径16英寸的圆形，然后放入直径12英寸的烤盘或烤锅之中，铺展在底部和周边。在面团内添上莴苣混合馅料。把剩下的面团铺展成直径12英寸的圆形作为上层。把两块面团的边缘捏在一起，使上下层封闭。

5.烘烤比萨饼大约25分钟，直至表层呈金黄色。放置5分钟后切成楔形块，马上食用。

蒜香橄榄油意大利面

这是综合意大利面和调味酱的艺术，掌握时机是其关键。一旦意大利面入水，就要马上准备蒜料，所有东西必须同时齐备。煮面的水不要丢弃，能够滋润各种成分的丰厚的奶油汤汁与油汪汪、滑溜溜的汤汁是截然不同的。

头道菜6人量或主餐4人量

材料：

1磅生意大利面条

2茶匙粗盐，分开用

8瓣大蒜，切成细长条

1/3杯特级初榨橄榄油

1汤匙红辣椒碎片

1杯碎帕尔马干酪，准备更多以备用

1/2杯西芹碎

做法：

1.用高火把一大锅水烧开。加入意大利面条和1茶匙盐；搅拌数次，使面条沉入水中，并且把面条分开。煮大约8分钟（或根据包装说明）至面条入口柔软。

2.留出大约1杯煮面汤。用漏网沥干面条。

3.煮面的同时准备大蒜。把橄榄油倒入深煎锅，加入大蒜，把煎锅放在中低火之上。不时搅拌，煎炒大蒜5至6分钟，直至其酥脆呈淡金黄色。加入红辣椒碎片，煎炒30秒钟。

4.加入留出的煮面汤，调至中高火煮沸。再调至中火，加入剩下的1茶匙盐，慢煮大约5分钟，至汤汁减少三分之一。

5.加入沥干的意大利面条，保持中火，轻轻搅拌，直至面条均匀融于汤料中。让锅离火，拌入帕尔马干酪和西芹碎。用加热过的意大利面碗或单独的意大利面盘盛面，马上食用。把额外的帕尔马干酪碎放置一边备用。

汤类

白色西班牙凉汤

用陈面包做汤流行于全世界。本菜肴的特色是把面包放在白色清爽的大蒜汤内，配以西班牙安达鲁西亚地区的葡萄和杏仁。一定要选择有嚼头的面包，比如粗糙的全麦面包或其他农家风味的面包。本菜肴有时被称作白色凉汤。

6人量

材料：

3杯农家风味的小白面包块，去掉外皮，在室温下不遮盖放置一晚

3杯凉水，分别倒入，或根据需要

2¼杯去皮整杏仁

3瓣大蒜，或根据口味，捣成泥

1/2杯橄榄油

粗盐，调味用

3汤匙雪莉醋

18颗无籽绿葡萄，切为两半，装饰用

特级初榨橄榄油，装饰用

做法：

1.把面包块放入碗里，倒入一杯水，搅拌面包使其均匀湿润。浸泡面包大约15分钟。

2.用食品加工机把杏仁磨成细碎，开关加工机，刮净碗底，使其均匀磨碎。加入浸泡过的面包、大蒜和橄榄油，捣成黏稠粗糙的酱料。机器运转时，通过盖子或进料口逐渐加入剩下的2杯水，直至凉汤变得黏稠。用盐调味。

3.把凉汤放入容器，拌入雪莉醋，然后在冰箱里冷却凉汤3至12个小时。

4.用冷冻过的碗或杯子食用凉汤，用绿葡萄和橄榄油装饰配菜。

粉红色大蒜汤

此汤出现在法国洛特雷克大蒜节上，佐以一杯玫瑰色葡萄酒，显得精致高雅。最好用洛特雷克粉红色大蒜，其他品种也可以。

8人量

材料：

1个大蛋黄

1茶匙水

1茶匙第戎芥末酱

3/4杯特级初榨橄榄油

粗盐和新鲜黑胡椒粉，调味用

8杯水

10瓣洛特雷克粉红色大蒜，剥皮捣碎

1个大蛋白，轻微搅拌

6盎司意大利细面条

做法：

1.准备蛋黄酱：在碗里搅拌蛋黄、水和芥末酱。搅拌过程中，逐步少量地加入橄榄油，直至完全混合，这种蛋黄酱应该比一般的蛋黄酱更黏稠。用盐和胡椒粉调味。

2.制作汤料：用高火在汤锅里把水烧沸。加入大蒜和蛋白。降至中火炖煮3分钟。加入意大利细面条，再煮3分钟直至面条柔软。

3.舀一杯热汤浇在蛋黄酱上，然后把蛋黄酱和剩下的热汤混合在一起。

4.用加热过的汤碗马上食用。

伊丽莎白·大卫大蒜汤

伊丽莎白·大卫于20世纪50年代出版了《地中海美食》一书，从而开启了英格兰大蒜世界之门。这个菜肴证明了她的一个观点，即在使用大蒜的时候，多即是少。使用整头大蒜不是增加而是会减轻大蒜的辛辣，如果把大蒜煮上一个小时，其味道会变得柔和甜美。

4人量

材料：

1头大蒜，分开蒜瓣，不剥皮

5杯鸡汤

1汤匙奶油

1汤匙特级初榨橄榄油

1个中等大小的洋葱，切碎

少量藏红花丝，切碎

粗盐和新鲜黑胡椒粉，调味用

4大片法式面包

1个蒜瓣

4个荷包蛋

2茶匙白酒醋

做法：

1.在汤锅内混合大蒜和鸡汤，加盖用低火慢煮大约1小时，直至鸡汤香味散出，大蒜非常柔软。

2.把鸡汤中的大蒜滤出，把汤倒入另一个锅内。待大蒜冷却后，剥去蒜皮，放入食品加工机内。

3.用中高火在平底煎锅内加热奶油和橄榄油，直至起沫为止。加入洋葱和藏红花煎炒大约4分钟，至洋葱柔软。把洋葱加入食品加工机中与蒜混合。

4.加入大约2杯鸡汤，和大蒜、洋葱一起捣成均匀柔滑的菜泥。把菜泥倒入剩下的鸡汤之中，继续用文火炖煮。

5.用加热过的汤碗食用鸡汤，上面放一片烤面包和一个荷包蛋。

注意：

烤面包的方法：从一个法国长面包上斜切下4片1/4英寸厚的面包片。把一半大蒜切开，在面包片上摩擦。用烤箱烘烤面包至金黄色。

煮荷包蛋的方法：用高火把一大锅水烧沸。锅中水位至少4英寸深。降至中火，加入2茶匙白酒醋。把鸡蛋打入一个杯子或小碟子内，然后滑入水中。把鸡蛋煮至需要的熟度，要使蛋白固定而蛋黄仍然流动，大约需要3分钟时间。用漏勺取出鸡蛋，用餐巾纸略微吸干。

卡斯提尔面包香蒜汤

卡斯提尔国王阿方索六世（1311—1350）非常憎恶大蒜，因此给武士制定了一项法规：如果一个骑士吃了大蒜，至少一个月不许在国王面前出现。然而，西班牙最受欢迎的一种大蒜菜肴面包香蒜汤（Sopa de Ajo Castellana）竟是以一个省的名字命名的。假如这位已故的国王得知了这件事，一定会大为震惊的。这里提供的菜谱来自南希·哈蒙·詹金斯的《新地中海美食手册》，是经过改动的。

荷包蛋是可有可无的，但如果使用荷包蛋的话，蛋黄不仅会为此汤增添美丽的金黄色，而且会大大提高此汤丰满醇厚的口味。

4人量

材料：

1/4杯特级初榨橄榄油

4头大蒜，分开蒜瓣，剥皮（大约1杯或1/2磅剥皮蒜瓣）

1茶匙红辣椒片

4杯半鸡汤

1/2杯西班牙白葡萄酒或甜雪利酒

少量茴香粉

少量藏红花丝

粗盐和新鲜胡椒粉，调味用

4片法式面包

1瓣大蒜

4个荷包蛋

2茶匙白酒醋

新刨或新磨碎西班牙曼彻格干酪（可用可不用）

做法：

1.在深汤锅内用低火把油加热。加入大蒜翻炒大约10分钟，直至大蒜软嫩但未变成金黄色。用漏勺取出大蒜，放入碗内，置于一旁备用。

2.用中火在汤锅热油中翻炒红辣椒片15秒钟，至香味散出，然后加入鸡汤和雪利酒。拌入胡椒粉和藏红花丝，然后文火慢煮。把大蒜放回汤中，然后用马铃薯捣碎机或木勺背面把大蒜捣成泥。文火炖汤大约15分钟，直至充分入味。用盐和胡椒粉调味。

3.用加热过的汤碗趁热食用。在每碗汤上面放一片蒜香面包，面包上放一个荷包蛋。可以加上磨碎的曼彻格干酪。

大蒜干酪麦芽酒汤

加倍使用炒蒜或烤蒜几乎会使人对此汤欲罢不能。味道丰富的麦芽酒是大蒜的完美搭配。手头应该常备一些麦芽酒以便享用此汤，令人舒心开胃适于浸泡的小面卷和面包也是必不可少。

4人或6人量

材料：

1/2杯无盐奶油

1头黄洋葱，切成小块

5瓣大蒜，切碎

2/3杯通用面粉

2杯菜汤或鸡汤

1杯麦芽酒（印度淡麦芽酒）

1杯全脂牛奶

3头大蒜，烘烤后捣成泥

1汤匙熏制红辣椒粉

1/2茶匙茴香粉

1磅陈年浓味切达干酪，切碎

粗盐和新鲜黑胡椒粉，调味用

切碎的韭菜，装饰用

做法：

1.在深汤锅内用低火使奶油融化。加入洋葱和碎蒜翻炒大约8分钟，直至洋葱柔嫩但未变黄。拌入面粉，持续搅拌大约2分钟，制成均匀黏稠的面糊。

2.缓缓将菜汤或鸡汤倒入，持续搅拌。然后缓缓加入麦芽酒和牛奶，持续搅拌直至充分均匀混合。拌入蒜泥、红辣椒粉和茴香粉。用中火慢煮大约20分钟，不时搅拌，直至汤黏稠出味。把锅移离火面，拌入碎干酪。用盐和胡椒粉调味。

3.马上用加热过的汤碗食用，上面用韭菜装饰（可用可不用）。

奥地利奶油大蒜汤

此汤有很多种做法。有的以马铃薯为主体，有的用醋和肉豆蔻做调料。本食谱包括了所有传统材料：大蒜、洋葱、面粉和牛奶，并饰以油炸面包片和西芹碎。

6人量

材料：

1/4杯油炸面包块

3汤匙无盐奶油

10个蒜瓣，切得细碎

1/4杯通用面粉

1杯半鸡汤（或菜汤）

2汤匙切碎的西芹，留出一些作为装饰用

做法：

1.制作油炸面包的方法：把烤箱预热至350华氏度。把面包块放入烤盘，在烤箱中烘烤面包大约10分钟，经常翻面使之着色均匀，直至面包酥脆呈金黄色。

2.用深汤锅低火融化奶油。加入大蒜，煎炒大约8分钟，不时搅拌，直至大蒜柔软但未变成棕褐色。把面粉拌入大蒜，持续搅拌大约2分钟，直至变成柔滑黏稠的面糊。

3.持续少量倒入牛奶，持续搅拌。以同样的方式加入鸡汤，搅拌使之充分混合均匀。中火煮汤大约20分钟，不时搅拌，直至变稠出味。

4.食用前把西芹碎拌入汤内。用加热过的汤碗食用，饰以油炸面包。

哥伦布鸡汤

厨师塞萨雷·卡塞拉是国际烹饪中心意大利研究所主任，他说此汤是克里斯托佛·哥伦布喜爱的美食之一。本食谱是根据卡塞拉的食谱修改的。

8人量

材料：

5汤匙特级初榨橄榄油，准备更多备用

1杯切成细条的洋葱

1/2杯斜切胡萝卜条

1/4杯蒜片

1只普通大小的鸡（3至4磅），切成6至8块

1/2杯白兰地

6杯水，或根据需要

粗盐和新鲜黑胡椒粉，调味用

6个丁香粒

3片月桂叶

1/2个肉桂条

1个肉豆蔻

2小枝迷迭香

1根西芹，切成3段

1/4杯切碎的扁叶香菜

16片隔夜法国长面包

1个蒜瓣，剥皮切成两半

1/2杯碎帕尔马干酪

做法：

1.用中高火在汤锅中把油加热，加入洋葱、胡萝卜和大蒜，煎炒大约8分钟，不时搅拌，直至洋葱呈金黄色。

2.用盐和胡椒粉给鸡块调味，然后放入锅内，时常给鸡块翻面，直至鸡块和蔬菜呈淡棕色。加入白兰地，再加入足够的水，水位至鸡块大约30厘米以上，用盐和胡椒粉调味。

3.制作香料袋的方法：剪一块6英寸见方的薄棉布，包住丁香粒、月桂叶、肉桂条、肉豆蔻和迷迭香。

4.把香料袋和西芹加入汤中。当

汤再次沸腾后，调至低火炖煮45分钟至1小时，直至鸡块炖熟柔嫩。

5.把香料袋和西芹取出扔掉。用漏勺捞出鸡块。鸡块冷却后，去掉鸡皮和鸡骨，把鸡肉切成块。

6.撇清汤表面的脂肪。把鸡块放回汤中炖煮。用盐和胡椒粉调味，再拌入香菜。

7.预热烤箱，在面包片上涂抹切为两半的大蒜。把面包两面烤至金黄色。准备八个耐热汤碗，在每个碗内放一片烤过的面包片。在烤面包片上放一勺汤，然后再放一片烤面包。在面包片上刷少量橄榄油，然后均匀撒上碎帕尔马干酪。把汤碗放在烤盘上烘烤大约2分钟，直至干酪呈金黄色并起泡。然后马上食用。

注意：

如果时间充裕，可以把汤放进冰箱冷藏几个小时，这样脂肪凝固容易从表面清除。然后炖煮鸡汤，再开始第六步。

大蒜莴苣白菜豆汤

此汤能够提供大蒜精华，因为蒜瓣虽被炖烂，但仍然完整。可以在食用前把蒜瓣取出，也可以留在汤中。汤做好后，蒜瓣会变得香甜，有坚果风味。

4至6人量

材料：

1汤匙橄榄油

8个大蒜瓣，剥皮压碎

1杯洋葱

1个胡萝卜，切成小块

1茶匙干牛至末

1茶匙干罗勒碎末

3杯（满满的）粗略切碎的莴苣（大约1/2头）

4杯（或更多）菜汤或鸡汤

2杯煮熟的或罐装的白菜豆，沥干

1（1/2盎司）罐装番茄块，沥干

1/2杯生意大利面条，切成2长段

1/4杯热那亚香蒜酱

做法：

1.用中高火在汤锅中把油加热。加入大蒜烹炒大约2分钟，直至大蒜呈淡黄色并散发出香味。加入洋葱、胡萝卜、牛至末和罗勒末，煎炒大约5分钟，直至洋葱呈金黄色。

2.加入莴苣煎炒，使其均匀着油。加入菜汤或鸡汤、白菜豆和番茄块。待汤开锅后降至中火。加入意大利面条，继续炖煮大约30分钟，直至面条熟透，汤味美妙。

3.食用前，拌入热那亚香蒜酱。用加热过的汤盘或碗食用。

葡式鱼汤

葡萄牙炖鱼汤在巴西也很流行，只是加上了芫荽叶。此汤需要一半肉质坚硬的白鱼和一半味香多油的油性鱼。

4人量

材料：

3/4磅片状白鱼（如鳕鱼、大比目鱼或罗非鱼）

3/4磅油性鱼类（如青花鱼、鲑鱼或鳟鱼）

1茶匙半粗盐，分开用

1.5磅煮马铃薯，剥皮，切成四块

1夸脱水

1个洋葱，切成4块

2片月桂叶

蒜泥酱材料：

1/4杯特级初榨橄榄油

4个蒜瓣，剥皮切碎

2汤匙甘椒粉（西班牙辣椒粉）

2汤匙酒醋

做法：

1.把鱼切成厚片放入碗中，在上面撒1/2茶匙盐，搅拌均匀备用。

2.把马铃薯放入深汤锅中，加入水、洋葱、月桂叶和剩下的1茶匙盐。用高火煮开，然后小火盖盖炖煮10分钟。

3.加入鱼，盖盖继续炖煮15分钟，直至马铃薯软嫩，鱼鳞脱落。取出月桂叶扔掉。

4.蒜泥酱的制作方法：用中高火在小平底锅中把油加热。加入大蒜煎炒1分钟，至大蒜呈金黄色。平底锅离火，拌入甘椒粉和酒醋。

5.把马铃薯和鱼从汤中捞出，放入加热过的汤盘或汤碗中。把蒜泥酱拌入汤中，煮开，然后浇在鱼和马铃薯之上。马上食用。

沙拉和沙拉酱

希腊甜菜大蒜沙拉

甜菜和大蒜的组合是经典的希腊做法，上面还要放上大蒜乳酪酱。

6人量

材料：

2磅新鲜红甜菜（或2罐甜菜片，沥干）

3个大蒜瓣，切碎

1/2杯特级初榨橄榄油

1/4杯红酒醋

粗盐和新鲜黑胡椒粉，调味用

大蒜奶酪酱材料：

8盎司原味希腊奶酪

1个大蒜瓣，切碎

1汤匙鲜榨柠檬汁

粗盐和新鲜黑胡椒粉，调味用

做法：

1.甜菜的准备：剪掉甜菜叶，留下1英寸长的叶柄。将洗过的甜菜放入锅内，加入足够的水，大致盖过甜菜2英寸。把锅置于中高火之上，加入盐，把水烧开，大约煮40分钟，直至甜菜柔软，可以轻易用削皮刀尖刺穿。沥干甜菜，待冷却后，切掉叶柄及甜菜根部，并剥掉甜菜皮（甜菜皮应该很容易剥落，假如有必要，可以使用削皮刀）。把甜菜切成大约1/4英寸厚片。

2.把甜菜片放入碗里，加入大蒜、橄榄油、酒醋、盐和胡椒粉，摇晃均匀，放入冰箱，至少浸泡8个小时。

3.大蒜奶酪酱的做法：在碗里把奶酪、大蒜和柠檬汁搅拌均匀。用盐和胡椒粉调味。（如果提前做大蒜奶酪酱，可以放入加盖容器中，在冰箱里存放2天。）

4. 可以在冷藏温度或室温下食用此沙拉，食用时上面覆盖少量大蒜奶酪酱。

注意：

此甜菜沙拉可以在冰箱内存放至少1周时间，其味道会越来越浓厚。

摩洛哥茄子沙拉

烹制这道美味的摩洛哥茄子沙拉，需要运用低温烤菜技术，使其味道丰富，质地柔滑。加入生蒜是完美的搭配，会增加菜肴的口感，加强烤菜的口味。

2杯量或6人开胃菜量

材料：

用于涂抹烤盘的橄榄油

1个大茄子（或2个中号茄子）

2个中号青椒

1个墨西哥胡椒、波布拉诺椒或其他辣椒（可用可不用）

3个大番茄，去皮去籽，切碎

1/3杯特级初榨橄榄油

4个蒜瓣，切碎

2茶匙微辣辣椒粉

1茶匙茴香粉

1茶匙粗盐

1/4茶匙新鲜黑胡椒粉

1/3杯水

2汤匙柠檬汁，或根据口味

1/3杯新鲜芫荽碎或欧芹碎

粗盐和新鲜黑胡椒粉，调味用

做法：

1.把烤箱预热至350华氏度。用橄榄油充分刷遍烤盘。

2.把茄子切片，再切为两半，然后放入烤盘，切面朝下。青椒切片，辣椒（如果使用的话）切成两半去籽。把青椒和辣椒放入烤盘，切面朝下。用手掌把青椒和辣椒压平，以便烘烤均匀。

3.加入番茄，然后烘烤35至40分钟，直至茄子变软，青椒皮变成棕色并起泡。

4.蔬菜冷却后，去掉青椒和辣椒皮（如果使用的话），然后把它们切成条备用。用勺子把茄子肉舀出，丢弃皮和籽。把茄子大致切碎备用。

5.用中火在深平底锅内加入橄榄

油。加入大蒜烹炒30秒钟，不断搅拌，直至香味散出。加入辣椒粉、茴香粉、盐和胡椒粉，搅拌均匀。加入青椒、茄子、番茄和1/3杯水。充分搅拌，用勺背把茄子碾成泥，或者用马铃薯搅碎机把茄子打碎。待混合物烧开后，盖上锅盖，降至低火，慢煮大约20分钟，不时搅拌，直至其变稠出味。

6.加入柠檬汁，敞盖继续炖煮5分钟，至混合物变得非常黏稠。至此，可以把茄子沙拉放入加盖容器，在冰箱里存放5天。

7.食用前，拌入欧芹碎或芫荽碎，再用柠檬汁、盐或胡椒粉调味。把沙拉放入菜盘，上面淋洒橄榄油。

8.食用沙拉可佐以烤皮塔饼。

蒜味番茄沙拉

当我们心目中对意大利食品的概念还只是柏亚迪厨师的牛肉意大利面罐头的时候，是马尔切拉·哈赞教会了美国人如何烹制简单新鲜的意大利菜。她在2004年出版的菜谱《马尔切拉如是说》中写道："不平衡地使用大蒜是造成意大利菜失败的最主要的原因。"这个美味可口的蒜味番茄沙拉完美体现了哈赞的观点。

4人量

材料：

4个或5个蒜瓣，去皮，捣成蒜泥

2汤匙或更多优质红酒醋，用于调味

1茶匙或更多粗盐，用于调味

2磅新鲜的熟李子或切片番茄，去皮

12片新鲜大罗勒叶

3汤匙特级初榨橄榄油

做法：

1.在一个小碗中混合大蒜、醋和盐25～30分钟，至醋拥有充足的蒜味。

2.把番茄片放入一个菜盘，把渗透蒜味的醋倒在番茄片上。把罗勒叶撕碎，撒在番茄片上。淋洒橄榄油。

注意：

给番茄去皮的方法：给番茄去皮，可以用锋利的削皮刀把番茄皮削掉，也可按下面的方法：把一锅水烧开，在每个番茄底部划一个

“X”，不要深及番茄肉。逐次把番茄放入开水煮15~20秒钟，然后马上取出放入盛有冰水的碗里。待所有番茄都烫过后，沥干番茄，把皮去掉。

西班牙蒜味菊苣沙拉

在这道西班牙沙拉上面撒上“炸蒜片”，这些炸蒜片是经过低温烹制的，已经呈深棕色，几乎已经烧焦。

材料：

7杯或八杯菊苣，撕成适合入口的碎片

4汤匙橄榄油

7个或8个蒜瓣，切成厚片

1/2磅西班牙熏香肠，切片

3汤匙雪利酒醋

粗盐和新鲜黑胡椒粉，调味用

1/4杯碎西班牙曼彻格干酪（可用可不用）

做法：

1.把菊苣放入一个大沙拉碗里。

2.炸蒜片的做法：在一个小平底煎锅内放入4汤匙油，加入大蒜，然后把煎锅置于中火之上。煎炒2至3分钟，翻炒直至大蒜酥脆，呈淡金黄色。用漏勺把大蒜捞出，放在纸巾上沥干。

3.把煎锅放回火上，加入西班牙香肠，每面煎1分钟左右，至香肠熟透但未变色。把香肠倒入菊苣碗里。

4.把酒醋倒入煎锅，加盐和胡椒粉调味，然后把调料倒在菊苣和香肠之上，摇晃均匀。

5.食用前，把炸蒜片和曼彻格干酪（如果使用的话）撒在沙拉之上，然后马上食用。

烤蒜藜麦沙拉

此沙拉的灵感得之于用小米、西芹和大蒜制成的中东塔博勒沙拉。这里用富含蛋白质的藜麦代替了小米，但在制作这个沙拉时，也可以根据你的喜好使用其他的谷类。大麦和法罗小麦是两个很好的选择。还可以试试意大利面，比如金枪鱼鱼子面或圆状通心粉。

6至8人量

材料：

1头大蒜，烧烤后捣成泥

1/4杯红酒醋

3汤匙新鲜柠檬汁

2茶匙芥末酱

4汤匙特级初榨橄榄油

粗盐和新鲜黑胡椒粉，调味用

1品脱樱桃番茄，切为两半

1杯水

3/4杯藜麦

2杯小菠菜或芝麻菜

黑橄榄数枚（可用可不用）

软白奶酪（可用可不用）

做法：

1.把烤箱预热至400华氏度。

2.在碗里混合大蒜、醋、柠檬汁、芥末酱和3汤匙橄榄油，搅拌均匀。用盐和胡椒粉调味，放在一旁备用。

3.把番茄放入烤盘，上面淋洒1汤匙橄榄油，再撒上少量盐和胡椒粉。然后烘烤大约15分钟，直至番茄颜色变暗，香味充分散出。冷却至室温。

4.在一个小平底锅中用高火把水烧开。加入藜麦，搅拌一两次，再次把水烧开。关火，把锅盖盖严，煮藜麦大约20分钟直至变软。用餐叉把藜麦搅拌松散，倒入沙拉碗中。冷却至室温。

5.加入番茄、菠菜、黑橄榄和奶酪（如果使用的话），搅拌均匀，然后倒在沙拉之上。把所有材料摇晃均匀，马上食用。

大蒜奶油沙拉酱

商店里购买的沙拉酱是不能与家庭自制沙拉酱媲美的。多年来，大蒜奶油沙拉酱一直是牛排餐厅的标准酱料，这里介绍的沙拉酱和店里的烤牛排沙拉酱一样美味。

1杯半量

材料：

1个大鸡蛋黄

1/3杯白香脂醋

4个蒜瓣，切碎

1/2茶匙芥末酱

1/2茶匙粗盐

1/4茶匙新鲜黑胡椒粉

1杯特级初榨橄榄油

做法：

1.在一个碗里或微型食品加工机里搅拌蛋黄、醋、大蒜、芥末酱、盐和胡椒粉，同时逐步加入橄榄油，直到混合物均匀变稠。根据口味添加盐和胡椒粉。

2.可以提前两天准备沙拉酱，放入加盖容器在冰箱里储存。食用前再次摇晃或搅拌沙拉酱。

烤蒜沙拉酱

香醇的烤蒜使此沙拉酱柔美微甜。不论是配以菊苣和烤芦笋等菜类，还是西班牙熏香肠和叉烧肉，此沙拉酱都是理想的佐料。

1杯量

材料：

1/4杯红酒醋

1头大蒜，烧烤后捣成蒜泥

1汤匙新鲜酸橙汁

1茶匙芥末酱

1汤匙蜂蜜

1/2茶匙粗盐

1/4茶匙新鲜黑胡椒粉

1/2杯橄榄油

做法：

1.在一个碗里或微型食品加工机里搅拌醋、大蒜、酸橙汁、芥末酱、蜂蜜、盐和胡椒粉，同时逐步加入橄榄油，直到混合物均匀变稠。根据口味添加盐和胡椒粉。

2.可以提前两天准备沙拉酱，放入加盖容器在冰箱里储存。食用前再次摇晃或搅拌沙拉酱。

大蒜柠檬沙拉酱

此沙拉的做法简易（都是方便可得的材料），芥末酱为其平添风味。可用于烤蔬菜、煮马铃薯、生食番茄或各种绿色蔬菜。

1杯量

材料：

1/4杯新鲜柠檬汁

4个蒜瓣，切碎

2茶匙芥末酱

1茶匙磨碎柠檬皮

1/2茶匙粗盐，或根据口味

1/4茶匙新鲜黑胡椒粉，或根据口味

3/4杯特级初榨橄榄油

做法：

1. 在一个碗里或微型食品加工机里搅拌柠檬汁、大蒜、芥末酱、柠檬皮、盐和胡椒粉，同时逐步加入橄榄油，直到混合物均匀变稠。根据口味添加盐和胡椒粉。

2.可以提前两天准备沙拉酱，放入加盖容器在冰箱里储存。食用前再次摇晃或搅拌沙拉酱。

亚洲沙拉酱

亚洲风味的沙拉酱是食用绿叶蔬菜、甘蓝、面条或烧烤金枪鱼的理想佐料。如果加入辣椒，则会为此沙拉更添魅力。

1杯量

材料：

4个蒜瓣，切碎

1茶匙鲜姜，磨碎

3汤匙优质酒醋

3汤匙酱油

1汤匙蜂蜜

1/2杯花生油或其他中性油

2茶匙芝麻油

2茶匙芝麻籽，略加烘烤

少量辣椒油（可用可不用）

做法：

1.在一个碗里或微型食品加工机里搅拌大蒜、姜、醋、酱油和蜂蜜，同时逐步加入花生油和芝麻油，直到所有的混合物均匀变稠。

2.食用前，拌入芝麻和辣椒油（如果使用的话）。

3.可以提前三天准备沙拉酱，放入加盖容器在冰箱里储存。食用前再次摇晃或搅拌沙拉酱。

开胃菜

烤蒜蘑菇白菜馅锅贴

此锅贴简单易做，可以在煎锅已经备好时再包。因为锅贴在出锅后趁热吃口味最佳，所以应提前烹制好馅料。

12个（4人开胃菜量）

锅贴馅材料：

3汤匙菜籽油，分批倒入

5个香菇，去茎

少量盐

1头大蒜，烘烤后捣成蒜泥

1茶匙切碎的大蒜

1茶匙柠檬皮

1茶匙切碎的生姜

1½茶匙黑芝麻油

1/2杯切碎的白菜

包锅贴材料：

12个圆锅贴皮

少量辣椒油

做法：

1.锅贴馅做法：在煎锅里倒入1茶匙油用中火加热，加入香菇，香菇头朝下。加少量盐给香菇调味。用炒菜铲下压香菇，煎大概2分钟，至香菇呈棕色。翻面煎大约2分钟，至另一面呈棕色。

2.把香菇放在切菜板上，冷却后切成小块。用净手或木勺混合香菇、烤蒜泥、碎蒜、柠檬皮和1茶匙芝麻油，搅拌均匀。加入白菜充分搅拌。

3.包锅贴方法：用水轻刷锅贴皮。在锅贴皮中央放入大约1茶匙锅贴馅。把锅贴皮对折，形成半月形。把锅贴皮边缘捏紧，把锅贴馅包裹在内，然后在锅贴皮边缘捏出6个褶皱，褶皱要捏紧固定。把包好的锅贴放在准备好的烤盘上。重复上述程序，直至包完所有锅贴。

4.可以提前包好锅贴，然后用保鲜膜虚虚盖好，在冰箱里冷藏12个小时。

5.在一个大平底煎锅内把2茶匙菜籽油用中高火加热，加入锅贴，平面朝下，褶皱朝上。煎大约2分钟，至锅贴底部呈深棕色。轻轻倒入水，然后在锅贴上淋洒剩下的芝麻油。煎锅加盖，蒸大约3分钟，至锅贴皮变软。

6.把锅贴倒入盘子里，淋洒辣椒油，马上食用。

啤酒炸蒜瓣

啤酒炸蒜瓣酥脆爽口，有坚果风味，作为开胃小菜，可以和你喜爱的意大利大蒜番茄酱一起食用，也可以作为沙拉、汤或炖菜的配菜。

1磅量

材料：

1杯自发面粉

1/2茶匙粗盐

1/2茶匙新鲜黑胡椒粉

1杯常温啤酒

3杯菜油，或所需煎炒用油

1磅蒜瓣，剥皮

做法：

1.糨糊做法：在一个中号碗里搅拌面粉、盐和胡椒粉。加入啤酒，把糨糊搅拌均匀。糨糊可以提前8小时准备，然后放入容器，盖严，在冰箱里保存。在用糨糊包裹大蒜之前，要再次搅拌。

2. 把油炸锅预热至350华氏度，或者在一个大口深锅里把3英寸深的油，用中火加热。用油炸温度计检查温度。另一种检查温度的方法是把1英寸见方的面包放入油中，如果面包在30秒钟内变成棕色，就说明油是350华氏度。

3.把四分之一的蒜瓣加入糨糊，搅拌包裹均匀。用十字叉或餐叉取出蒜瓣，让多余的糨糊滴回碗里。把包裹后的蒜瓣放入热油中，炸大约2分钟，直至糨糊中热气冒出，蒜瓣变成金黄色。取出炸过的蒜瓣，在纸巾上微微沥干。再以煎炸剩下的蒜瓣时，要注意油的温度。

4.马上食用。

咖喱饺子

此菜名源自havaadhu（香料或咖喱）和bis（蛋）。但在这个菜谱中没有蛋。“bis”指的是饺子的形状。此做法来自马尔代夫群岛。

6人量

饺子馅材料：

1罐（3盎司）熏制或油浸金枪鱼

1/2个小洋葱，切成细碎

1/4杯无糖椰丝

2汤匙酸橙汁

3片咖喱叶，剁碎

1茶匙姜末

1/2个圆帽辣椒，去籽切碎（操作时要戴手套）

1/4茶匙姜黄粉

粗盐，调味用

面团材料：

2杯通用面粉

1茶匙粗盐

3汤匙菜油

1/4杯温水，或根据需要添加

咖喱酱材料：

2汤匙菜油

1个洋葱，切碎

2个蒜瓣，切碎

1茶匙姜末

3片咖喱叶，切碎

2汤匙咖喱粉或咖喱酱

1汤匙辣椒粉

1汤匙番茄酱

1/2茶匙茴香粉

1/2杯椰奶

做法：

1.饺子馅做法：混合金枪鱼、洋葱、椰丝、酸橙汁、咖喱叶、大蒜、姜末、圆帽辣椒、姜黄粉和盐。用木勺背面碾压混合物，使之黏稠。放置一边备用。

2.面团做法：在碗里混合面粉和盐。揉入油和水，使面团油腻坚硬。如果面团太干，可再加入少量水，每次一茶匙，但面团不能太黏。把面团分成核桃大小的块，用擀面杖擀平。在面皮上放入2茶匙馅，然后把馅包住。把接缝处捏紧，把顶端捏在一起。用手轻轻把包馅面团搓揉成椭圆形（鸡蛋的形状），放在撒面的盘子上，直至把所有面团包完。

3.用高火把一大锅盐水烧开，把饺子分批放入，煮6~8分钟，不时搅动，至饺子煮熟。用漏勺把饺子捞出放入滤锅沥干。再煮另一批饺子。

4.咖喱酱做法：用中高火在煎锅里把油加热，加入洋葱、大蒜、姜和咖喱叶，煎炒大约4分钟，不时搅拌，至洋葱柔软、半透明。加入咖喱粉或咖喱酱、辣椒粉、茴香粉和番茄酱，充分搅拌均匀。加入椰奶熬煮，再把饺子放入咖喱酱熬煮2至3分钟。

5.马上食用。

蒜蓉虾

这是一道经典的西班牙餐前小吃，以鲜虾、大量的大蒜和大量的白兰地为其特色。可以用几片面包蘸汤汁食用。

4人开胃菜量或2人主菜量

材料：

4盎司橄榄油

4个蒜瓣，切碎

1茶匙红辣椒片

1磅虾，去皮、去肠线

1/4杯干邑白兰地

1汤匙柠檬汁

1茶匙辣椒粉

粗盐和新鲜黑胡椒粉，调味用

1汤匙新鲜芫荽碎

做法：

1.用中火在煎锅里把油加热，加入大蒜和红辣椒片煎炒大约1分钟，不时搅拌，至大蒜散发出香味。

2.提至高火，加入虾、白兰地、柠檬汁和辣椒粉。煎炒大约3分钟，不时搅拌，至虾变成粉红色，边缘卷曲。用盐和黑胡椒粉调味。

3.把虾盛入加热过的菜盘，上浇锅汁，再撒上芫荽食用。

犹太式油炸洋蓟

这种被压平油炸的洋蓟被认为是罗马犹太人厨艺的经典菜肴之一，可以在春季的罗马犹太人居住区的犹太饭馆里吃到。如果烹制得当，洋蓟会看似鲜花。最后在油炸洋蓟上洒几滴凉水，会使洋蓟酥脆。

4人至6人量

材料：

2汤匙凉水，或根据需要

2个柠檬，榨汁

12个嫩洋蓟

2½杯特级初榨橄榄油，分开

1杯切碎的新鲜平叶芫荽

10个蒜瓣，切碎

1/2杯新鲜罗勒叶

2茶匙海盐，或根据口味

1/2茶匙新鲜胡椒粉

未发酵薄饼粉

做法：

1.在碗里混合水和柠檬汁。把洋蓟顶端1/2英寸处切去，把叶子上的倒刺去掉。把洋蓟切为两半，放入柠檬水浸泡30分钟，或根据情况决定。

2.在碗里搅拌1/2杯橄榄油、芫荽、罗勒、盐和胡椒粉，放置一旁备用。

3.用中高火把剩下的2杯橄榄油加热至325华氏度。

4.把洋蓟沥干，然后手持叶柄，在工作台面上轻轻摔打洋蓟，把叶子打开。把洋蓟下压，使叶子开得更大。在叶子之间洒上橄榄油—芫荽—大蒜汁。

5.把未发酵薄饼粉放入浅盘，在粉上滚动洋蓟，使之均匀受粉。把洋蓟放入热油里煎炸大约15分钟，根据情况翻面，至洋蓟金黄酥脆。

6.把洋蓟在纸巾上微微沥干，上面淋洒几滴凉水，马上食用。

鸡肉类

伊丽莎白·大卫柠檬蒜汁烤鸡

此配方的原始版本用的是一种很小的雏鸡，在这里代之以家养的母鸡，需要切成4块。

4人量

材料：

12个蒜瓣，分开，剥皮

3至4汤匙柠檬汁

2汤匙橄榄油

2只母鸡（每只大约1磅重），去脊骨，切成四块

粗盐，调味用

做法：

1.用研钵和乳钵杵或餐刀把蒜瓣和盐混合碾成泥，把大蒜和柠檬汁混合，然后拌入橄榄油。

2.把鸡块装入拉链密封袋，加入腌泡汁，把袋封好，转动密封袋，使鸡块均匀接触腌泡汁，然后放入冰箱腌泡至少8至24个小时。

3.用中高火预热烤架。从腌泡汁里取出鸡块，刮去多余的腌泡汁，避免着火。

4.直接在火上烤鸡块，至鸡块呈金黄色，然后移至间接火，盖上烤架，直至鸡块烤熟（165华氏度）。

5.马上食用。

咖喱鸡

咖喱鸡源自印度果阿地区，是从葡萄牙菜肴Ceme de vinda d’alhos演化而来,意思是“酒和蒜”。酒早已经被醋取代。传统做法是用猪肉，这是圣诞节期间果阿基督教家庭的佳肴。

6人量

材料：

6个完整的红辣椒

6个蒜瓣

1片（1英寸）生姜

1/2杯白酒醋

6个无骨去皮鸡胸脯，切成2英寸大小的方块

干混合香料（下面有配方介绍）

4汤匙油

1茶匙半芥末籽

1杯碎洋葱

1茶匙红糖

1/2茶匙粗盐

做法：

1.把辣椒、蒜瓣、生姜在白酒醋中浸泡30分钟。用食品加工机或用研钵和乳钵杵把上述材料研磨成糨糊。把鸡块放入拉链密封袋，然后加入辣椒酱。把袋封好，转动密封袋，使鸡块均匀接触酱汁。将浸泡的鸡块在冰箱中放置至少1～8个小时。

2.用深煎锅或荷兰烤肉锅把油加热。放入芥末籽煎炒大约1分钟，至芥末籽爆开。将洋葱煎炒5～6分钟，不停翻炒，使洋葱呈金黄色。加入鸡块和辣椒酱煎炒2至3分钟，至鸡块表皮的粉红色褪去。加入干混合香料、糖和盐，搅拌均匀。

3.给锅加盖，用低火烹调40至50分钟，至鸡块完全熟透。

4.用芫荽碎叶装点，马上食用。

干混合香料材料：

1汤匙茴香籽

1茶匙丁香粉

1茶匙黑胡椒籽

1茶匙葫芦巴籽

4个豆蔻荚

1个（1英寸）肉桂条

1茶匙姜黄粉

做法：

1.把茴香籽、丁香粉、黑胡椒籽、葫芦巴籽、肉桂条和豆蔻荚放入煎锅焙烤大约2分钟，旋转煎锅使各种材料均匀受热，直至散发出香味。把焙烤过的香料放入香料研磨机，也可以用研钵和乳钵杵。加入姜黄粉，然后把所有材料打磨成粉。

核桃酱火鸡（乔治亚大蒜核桃酱火鸡）

乔治亚大蒜酱深受在乔治亚土生土长的约瑟夫·斯大林的喜爱，它也是整个高加索地区聚会庆祝时所必备的经典菜肴。新鲜的金盏花可能很难找到，但是可以找到金盏花粉。藏红花也可以用金盏花替代，因为它也是金黄色，看上去像藏红花。还可以使用少量姜黄粉，甚至使用藏红花。

6至8人量

材料：

1只小火鸡（6至7磅）

2片月桂叶

4小枝西芹

6杯水

做法：

1.把火鸡放入汤锅，加入月桂叶、西芹和水。用中高火把水烧开，盖上锅盖，炖煮45分钟（火鸡不会完全炖熟，但汤汁应该美味可口）。留出4杯汤汁做核桃酱，用剩下的汤汁做汤、酱、蒸米饭或其他谷物。

2.把烤箱预热至350华氏度。把火鸡放在烤架上烘烤大约45分钟，至火鸡熟透（165华氏度）。用汤汁涂抹火鸡。在把火鸡肉折离鸡骨之前至少放置15分钟，然后把鸡肉切成可入口大小的块，放入食盘。

3.烤火鸡时，同时准备核桃大蒜酱（后有配方）。

4.把核桃大蒜酱刷在火鸡上，等冷却至室温时食用。

核桃大蒜酱材料：

2满杯核桃仁

6个蒜瓣，切碎

1.25茶匙茴香粉

1.25茶匙金盏花粉

1.25茶匙芫荽粉

3/4茶匙粗盐

1.25茶匙新鲜胡椒粉

1/2茶匙丁香粉

1/2茶匙红辣椒粉

1/4茶匙尖椒粉

1/4杯红酒醋

做法：

1.用食品加工机把核桃和大蒜一起打碎磨细。为了避免过度粉碎，加工机要时开时关。

2.倒入洋葱，煎炒大约2分钟，至所有材料混合均匀。然后把混合物放回食品加工机再次研磨成酱。

3.把酱放回煎锅，拌入茴香粉、金盏花粉、芫荽粉、盐、胡椒粉、丁香粉、红辣椒粉和尖椒粉。用低火煎炒大约2分钟，搅拌均匀。

4.逐渐拌入炖火鸡时留下来的4杯汤汁。继续用低火煎熬大约20分钟，不时搅拌，至核桃大蒜酱黏稠出味。

5.拌入红酒醋。

非洲鸡

非洲鸡融合了非洲人、欧洲人和亚洲人的口味，在澳门很受欢迎。传统的佐餐食物是蒸米饭或煮马铃薯。

材料：

2汤匙洋葱碎

1汤匙蒜碎

1汤匙粗盐

2茶匙五香粉

1茶匙辣椒粉

1茶匙烟熏辣椒粉

1/2茶匙新鲜黑胡椒粉

3磅鸡块

辣酱（配方如下）

做法：

1.在一个小碗里混合洋葱、蒜、盐、五香粉、辣椒粉、烟熏辣椒粉和黑胡椒粉，然后用混合物均匀涂抹鸡块。把鸡块放入容器或拉链密封袋，腌制至少8至24个小时。

2.在腌制鸡块的同时，准备辣酱。

3.在鸡块基本腌制完成时，把烤箱预热至400华氏度。在荷兰锅或耐火砂锅中把2汤匙植物油用中高火加热。把鸡块均匀炸成金黄色。（分批过油，使鸡块颜色均匀。把炸鸡块放在盘子里。）

4.把辣酱加入荷兰锅或砂锅中，搅拌均匀，吸收掉所有的油汁。把鸡块倒入辣酱，翻动鸡块使之被辣酱均匀包裹。烘烤鸡块大约30分钟，至彻底熟透（165华氏度）。与米饭或煮马铃薯一起食用。

辣酱做法：

1/4杯植物油，另加2汤匙炸鸡块用

1杯洋葱碎

1/2杯蒜碎

1/2杯新鲜碎椰子

1/2杯甜红椒粉

1茶匙辣椒粉

1杯鸡汤或水

1/2杯椰奶

2汤匙花生酱

2片月桂叶

粗盐，调味用

做法：

1.用中低火在平底深锅中把1/4杯植物油加热。加入洋葱和蒜，不时搅拌，煎炒大约5分钟，至葱蒜变柔软且半透明。加入椰子和甜红椒粉，继续搅拌煎炒大约2分钟，使各种材料混合均匀。

2.拌入鸡汤或水、椰奶、花生酱和月桂叶。搅拌至混合物润滑。低火煮大约10分钟，至酱料出味微稠。离火，丢弃月桂叶。

罗马尼亚炖鸡

罗马尼亚炖鸡在罗马尼亚和摩尔多瓦地区广受欢迎。可以用面包吸取汤汁食用。

4至6人量

材料：

3汤匙橄榄油

2磅鸡块

1个中等大小洋葱，切成细碎

5个蒜瓣，切碎

2个红灯笼辣椒，切成丝

1/2杯番茄酱

1/2杯干白葡萄酒

2根胡萝卜，切成1/2英寸厚圆片

2个大马铃薯，切成方块

少量干百里香

少量干迷迭香

少量糖

少量粗盐

少量胡椒粉

做法：

1.用中低火在荷兰锅或耐火砂锅中把油加热。分批加入鸡块，煎炸大约5分钟，使其均匀炸成金黄色，然后放入盘内。

2.加入洋葱和大蒜，煎炒大约3分钟，不时搅拌，至葱蒜变软且半透明。加入辣椒，煎炒大约3分钟，不时搅拌，至辣椒变软。拌入番茄酱，煎炒大约2分钟，使其与其他材料充分混合。加入葡萄酒，然后拌入马铃薯、胡萝卜、百里香、迷迭香、糖、盐和胡椒粉。

3.把鸡块放回锅内，盖盖烹调大约40至45分钟，直至鸡块熟透（165华氏度），马铃薯和胡萝卜变软。盛入加热过的碗中，马上食用。

安哥拉鸡肉曼巴

辛辣的安哥拉鸡肉曼巴通常是用红棕榈油烹制的，那些不习惯的人可能会觉得其强烈的味道是令人讨厌的，因此，在这个食谱中建议用橄榄油。但是，如果你手头有红棕榈油的话，至少应该尝试一次，以便体验其纯正的口味。和米饭一起食用此菜，有助于缓解红辣椒的辛辣。

4至6人量

材料：

2½磅鸡块（鸡胸、鸡大腿、鸡小腿）

粗盐和新鲜黑胡椒粉，调味用

1个2磅重的利卡塔南瓜（或2杯橡树果块或白胡桃泥）

4汤匙橄榄油或红棕榈油

2个洋葱，切碎

8个蒜瓣，切碎

2个红辣椒，去籽切碎

3个罗马番茄，切成四块

1/4茶匙乐园子（或1/4茶匙芫荽粉和1/4茶匙黑胡椒粉）

1片月桂叶

粗盐和新鲜黑胡椒粉，调味用

做法：

1.把烤箱预热至350华氏度。把鸡块放入烤盘，用盐和胡椒调味，将鸡块烤大约40分钟，至鸡块熟透（165华氏度）。保留汤汁，用来炖鸡。

2.烤鸡的同时烤南瓜。把南瓜放入烤盘，用烤肉叉或刀尖在上面刺透两到三处。烤大约30分钟，至南瓜非常柔软。（如果使用南瓜块或者胡桃南瓜，在加盖烤盘里烘烤15至20分钟即可。）

3.用中火在荷兰锅或耐火砂锅中把橄榄油加热，加入洋葱、蒜和红辣椒，煎炸大约6分钟，不时搅拌，至洋葱柔软且半透明。

4.加入鸡块、汤汁和南瓜。加入鸡汤、番茄、乐园子、月桂叶、盐和胡椒粉。盖盖炖煮大约20至30分钟。把月桂叶取出丢弃。

5.盛入加热过的菜盘，马上食用。

法式炖鸡

据说亨利四世是用大蒜洗礼的，他吃过的大蒜也数量惊人，他还因向他的臣民们许诺“每个锅里都有一只鸡”而闻名于世。这个菜肴是亨利四世许诺的“大蒜版”。用农场自由放养的鸡做出来的口味更佳，也是此菜成功的关键。

4至6人量

材料：

4个甜马铃薯，切成锲形

4根胡萝卜，切成1英寸厚的圆块

4根芹菜茎，切成1英寸长

4根韭葱，只保留白色和淡绿色部分，切碎

1只三磅重的鸡

2片非熏制咸猪肉，切碎（可用可不用）

1个大蒜头，蒜瓣分开但不剥皮，分开使用

2个柠檬，切成4块，分开使用

8个小枝香菜，分开使用

6个小枝百里香，分开使用

2个小枝迷迭香，分开使用

粗盐和新鲜黑胡椒粉，根据需要

2汤匙橄榄油

1/2杯干白葡萄酒

1杯鸡汤

做法：

1.把烤箱预热至325华氏度。

2.把甜马铃薯、胡萝卜和芹菜放入烤盘，铺在鸡肉下面。把蔬菜和韭葱均匀撒在上面。

3.把咸猪肉（如果使用的话）、大蒜、柠檬、香菜、百里香和迷迭香塞入鸡腹。用盐和胡椒粉调味。把鸡放在蔬菜上，在鸡的周围撒上剩下的大蒜、柠檬、香菜、百里香和迷迭香。在鸡上面淋洒橄榄油，加入葡萄酒和鸡汤，盖盖但不要盖严，烘烤2至2.5个小时，至鸡肉熟透（165华氏度）。

4.让鸡肉冷却至少10分钟，然后切成块。

5.取出药草和柠檬。把蔬菜和汤盛入加热过的汤盘。把鸡块放在上面，马上食用。

蛋黄酱烤鸡

在《普罗旺斯》一书中，福特·马多克斯·福特对该地区进行了热烈地讴歌。作者描述了从被誉为伦敦最佳厨师之一的一个美丽迷人的年轻女性手中得到的一个菜谱，这个菜谱就是这里的蛋黄酱烤鸡——烤鸡时要用两磅多剥了皮的大蒜。如果你确信客人不会连蒜皮一起吞进肚里，那么本来是不需要剥皮的，但是先把皮去掉确实会容易做一些。

6至8人量

材料：

1只4至5磅的鸡

粗盐和新鲜黑胡椒粉

1杯橄榄油

2磅蒜瓣（大约14头大蒜），洗净去皮，分开使用

4个大号烤马铃薯，剥皮，切成锲形

做法：

1.把烤箱预热至325华氏度。把鸡肉扎紧，然后用盐和胡椒粉涂抹整只鸡来调味。

2.用中火在大煎锅中把1/2杯橄榄油加热，煎炸大约20分钟，把鸡炸成棕褐色。然后把鸡放入盘内，在鸡的空腔里塞进四分之一的剥皮大蒜。

3.再次调至中火，需要的话再往煎锅里加一些油。加入剩下的蒜瓣，煎炒均匀。然后把大蒜放入烤盘，均匀铺在盘底。把鸡放在蒜瓣上。

4.把煎锅调至中高火，需要的话再加一些油。加入马铃薯，炸成浅黄色，根据需要翻面。把马铃薯放入烤鸡的周围。烤盘加盖烘烤大约一个半小时，至鸡肉熟透（165华氏度）。

5.冷却大约15分钟后，把鸡肉切成块食用。每份鸡块搭配马铃薯和蒜瓣，并把汤汁浇在鸡块上。

注意：鸡肉的捆绑方法

捆绑鸡肉的关键是把鸡腿收紧，这样会烹制得更均匀且不容易变干，方法好像是给运动鞋系鞋带一样。取一段1米长的线绳，把线绳在鸡的两个翅膀下面穿过，把鸡翅膀的两端交叉。把线绳从两端均匀拉紧，使之长度大致相等。沿着鸡胸脯两边把线绳拉下，再沿着每个鸡腿的末端拉上来。把线绳拉紧系好。

羊肉类

西姆卡普罗旺斯羊肉

西蒙·贝克也叫西姆卡，是朱丽亚·恰尔德两卷本的《掌握法国厨艺》一书的合作者之一。这个菜谱被称为开心果，因为大蒜要被烹调很长时间以获得一种坚果的味道。此菜需要一个烤盘纸盖，也叫漩涡纸，实际上只是把一块烤盘纸剪成和你的砂锅或荷兰锅一样直径的圆形。贝克建议此菜用黄油炒青豆佐餐。

6至8人量

材料：

4至5汤匙橄榄油

3磅去骨羊肩膀，切成3块

2½汤匙普罗旺斯草

1茶匙粗盐

1/2茶匙新鲜黑胡椒粉

1杯干白葡萄酒

14个蒜瓣（大约5头大蒜），去皮

1½杯鸡汤或牛肉汤，分开使用

4汤匙黄油

2汤匙新鲜芫荽，切成细碎，装饰用

做法：

1.把烤箱预热至300华氏度。

2.用中火在大煎锅中加热橄榄油，加入羊肉块，摆放均匀。煎炸羊肉块大约10分钟，按需要翻面，把羊肉块各面炸成棕褐色。

3.把普罗旺斯草、盐和胡椒粉均匀撒在羊肉块上，加入葡萄酒，把锅烧开起泡，然后加入剥皮的大蒜和半杯鸡汤或牛肉汤。

4.把烤盘纸（漩涡纸）压在炖肉的上面，然后盖上锅盖，炖煮羊肉大约2个小时，至羊肉软嫩但不沾粘。炖煮时，加入半杯鸡汤或牛肉汤，保持炖肉湿度。

5.用过滤器过滤炖肉，把汤汁放入干净的炖锅，把脂肪从表面撇去。把羊肉和大蒜分开，羊肉放置一旁备用，把大蒜放在过滤器内，用勺背辗压，使蒜汁进入汤汁。炖煮汤汁和蒜汁大约4分钟，使之微稠。拌入黄油，然后把羊肉放回汤汁，搅拌均匀，重新加热。

6.用加热过的汤盘食用炖肉，撒上芫荽。

羊肉抓饭

抓饭是乌兹别克斯坦人的传统美食，每份包括一头大蒜，与肉饭一起食用。要品尝传统风味，可以用羊油代替橄榄油。

4至6人量

材料：

3汤匙橄榄油或羊油

2磅去骨羊肉，切成丁

2头洋葱，切碎

4根胡萝卜，粗略切碎

1茶匙茴香粉

1茶匙粗盐

1茶匙红辣椒粉

2杯长粒大米

3杯半水

4至6头大蒜

1/4杯干杏片，装饰用（可用可不用）

做法：

1.用中高火在荷兰锅或耐火砂锅里加热橄榄油，分批加入羊肉，煎炸大约5分钟，根据需要翻面，至羊肉各面炸成棕褐色。把羊肉放入盘中备用。

2.把洋葱放入锅中，用中火煎炒大约10分钟，不时搅拌，至洋葱变成金黄色。加入胡萝卜，煎炒大约3分钟，至胡萝卜变软。把羊肉及流出的汤汁倒回锅中，用茴香粉、盐和红胡椒粉调味。在羊肉上均匀撒上一层大米。沿着锅边倒入水，避免冲掉羊肉上的大米。倒入蒜头。给荷兰锅或砂锅加盖，放进烤箱，烘烤20至25分钟，至大米柔软并吸收掉所有汤汁。

3.把干杏片混入肉饭（如果使用

的话）。用加热过的碗食用，每份饭包括一头大蒜。

新疆羊肉与辣肉串

在中国西部的新疆，辣到嘴麻的肉串正是当地饭馆的特色美食。在这些小餐馆里，你会看到肉串堆积在餐桌上，而吧台上则会出售啤酒和稻米威士忌供客人饮用。地道的肉串是在烧烤前把羊尾脂肪夹在羊肉里，使脂肪融入羊肉以产生强烈的味道。在有些地方，人们认为在这个令人上瘾的美食中，羊肩肉是最佳的，因为那里的肉最肥。羊肉、大蒜和香料经过烧烤，其美味是令人难以抗拒的。

3至4人量

材料：

1.5磅去骨羊肩肉

2汤匙茴香籽

2汤匙芫荽籽

6个蒜瓣，切碎

2汤匙辣椒片

2茶匙粗盐

做法：

1.去掉肉上的白膜和筋腱，保留脂肪。把肉逆纹切成薄长条，厚度大约1/4英寸。

2.用中火在小煎锅内焙烤茴香籽和芫荽籽大约2分钟，不时翻炒，直至炒出香味。用香料研磨机或用研钵和研钵杵把香料粗略打碎。

3.在碗里或在拉链密封袋里混合香料、大蒜、辣椒片和盐。加入羊肉，摇晃使羊肉均匀沾满香料，并轻轻把香料按压进羊肉。将腌制的羊肉在冰箱内存放至少6至24个小时。

4.把烤架预热至中高火。把木制串肉杆在冷水中浸泡10分钟，然后把羊肉串在木杆上。羊肉块排列不要太紧。

5.烤羊肉串，按需要翻转，将羊肉烤成棕褐色或你想要的程度。烤至中等熟大约需要8分钟。让羊肉串冷却10分钟后再食用。

泰式咖喱羊肉

此泰式咖喱羊肉使用的是咖喱椰子酱。

4至6人量

材料：

2½杯鸡汤或牛肉汤

2磅羊肩肉，切成块或片

1/3杯洋葱碎

3片月桂叶

1片（3英寸）姜，磨碎

5个蒜瓣，切碎

1根柠檬香草茎，取其中柔嫩的部分切碎

1/4杯无盐腰果剁碎，再准备一些整颗腰果做装饰用

2汤匙鱼露

2茶匙罗望子酱

3/4茶匙红辣椒粉

1茶匙芫荽粉

1茶匙茴香粉

1茶匙姜黄粉

1茶匙红糖

1/2茶匙白胡椒粉

茶匙豆蔻粉

14盎司椰奶

1个大马铃薯，切成厚片

1/2杯青豆

1/4杯切碎的新鲜罗勒，另外多准备一些做装饰用

做法：

1.用高火在大锅里把鸡汤或牛肉汤烧开，加入羊肉、洋葱、月桂叶，然后再次把汤烧开。降至低火，盖上锅盖，炖煮大约40分钟，不时搅拌，直至羊肉软嫩。

2.加入姜、大蒜、柠檬香草、开心果、鱼露、罗望子酱、红辣椒粉、芫荽粉、茴香粉、姜黄粉、糖、白胡椒粉和豆蔻粉，搅拌均匀。拌入椰奶、马铃薯和青豆。用中低火炖煮大约30分钟，不时搅拌，直至马铃薯变软。

3.食用前，拌入罗勒。

4.把咖喱羊肉放入菜碗，或放入大盘或大碗内，撒上一些开心果和新鲜罗勒。与茉莉香米一起食用。

牛肉类

麦芽酒酸菜香肠

用牛肉、猪肉和大量大蒜制成的大香肠，自14世纪以来一直广受欢迎，并被认为受到哈布斯堡皇室的钟爱。如今，将大香肠与酸菜和啤酒一起食用，已成为具有传奇色彩的德国慕尼黑啤酒节的核心内容。

8人量

材料：

8根香肠

2个蒜瓣，压成蒜泥

1瓶麦芽酒（12盎司）

1汤匙橄榄油

1磅酸菜

4汤匙辛辣黑芥末

1茶匙新鲜黑胡椒粉

8个热狗小面包

做法：

1.用餐叉把香肠刺透2至3个孔，然后放在盘内。加入麦芽酒和蒜泥，在冰箱里至少腌泡1至6个小时。

2.把烤箱预热至高温。

3.用中高火在生铁锅里把油加热。加入酸菜，大火煎炒，不时搅拌。把酸菜均匀分层摆放，把香肠放在上面。把麦芽酒和大蒜腌泡汁浇在香肠上面。生铁锅盖盖，放入烤箱，烘烤大约10分钟，烤至极热。揭开锅盖继续烘烤，直至香肠上部呈浅棕色。

4.把香肠放入热狗小面包。把芥末和黑胡椒粉拌入酸菜，用汤匙把酸菜放在香肠上。马上食用。

红焖牛胸肉

炖菜几乎总是在烹调后第二天味道更佳，因此，如果你有足够的时间，就按本食谱后面提供的冷却牛胸肉和酱汁的方法去做。不仅口味和质地会有所改善，而且在冷却之后，牛肉更容易切片。

8人量

材料：

3磅牛胸肉

粗盐和新鲜胡椒粉，调味用

3头大蒜，去皮

3汤匙橄榄油

2汤匙红酒醋

3杯牛肉汤或鸡汤

4小枝麝香草

2小枝迷迭香，加1茶匙切碎的迷迭香叶

1茶匙碎柠檬皮

1茶匙切碎的大蒜

做法：

1.把烤箱预热至325华氏度。

2.轻轻把牛胸肉拍干，用大量盐和胡椒粉涂抹来调味。

3.用中高火在荷兰锅或耐火砂锅里加热橄榄油。如果需要，可以使用两个锅。把牛胸肉煎炸大约5分钟，使各面呈棕褐色，然后放入大浅盘备用。

4.把锅里的油倒掉，只留下1汤匙，然后加入蒜瓣，用中火煎炒，不时搅拌，至蒜瓣微呈金黄色。加入红酒醋，搅拌均匀，使之融入肉汁。加入牛肉汤或鸡汤、麝香草、迷迭香，然后减火烧开。把牛胸肉放回锅内，肥肉的一面朝上。用汤匙把部分蒜瓣放在牛胸肉上。

5.盖上锅盖，炖煮大约2½至3个小时，每隔半小时往牛胸肉上刷一次油。如果锅内汤汁开始起泡或开锅，可以把锅盖微微掀开，把温度调低到300华氏度。把牛胸肉放入平底浅盘，上浇一勺汤汁保持湿润。

6.调至中高火，烧开汤汁。把麝香草和迷迭香取出丢弃。尽可能把表面的油脂撇去。用马铃薯搅碎器或木勺背把大蒜碾入汤汁。加入迷迭香碎、碎蒜和柠檬皮。用中高火煮大约4分钟，至汤汁微稠。用盐和胡椒粉调味。

7.把牛胸肉逆纹理切成1/2英寸厚片，然后摆放在耐高温食盘里。把汤汁浇在牛肉上，放回烤箱烘烤大约10分钟，至牛肉熟透。

注意：

如果你是提前一天烹制此菜，可以先把牛胸肉和汤汁冷却，再加盖保存在冰箱里放一夜。第二天，去掉表面凝脂，把牛胸肉取出，逆纹理切成薄片。按上述方法烹制汤汁，再以325华氏度温度加盖同时烘烤牛胸肉和汤汁大约20~25分钟，至牛肉极热。

要使汤汁更加爽口，可以把大蒜滤出，把汤汁滤入炖锅内，在食品加工机里加入大蒜和一杯汤汁，搅成蒜泥。把蒜泥放回剩下的汤汁里，再加入迷迭香、蒜碎和柠檬皮完成汤汁的制作。

芥末—大蒜—香草硬皮牛里脊肉

这个充满节日气氛的菜肴是节日的重点，其备料和制作简单得令人难以置信。大蒜辣根汤料使这道菜令人难以忘怀。

4至6人量

材料：

1块（2.5磅）牛里脊肉

粗盐和新鲜黑胡椒粉，调味用

2汤匙橄榄油

1/3杯全谷物芥末

6个蒜瓣，切碎

2汤匙新鲜麝香草叶

2汤匙新鲜迷迭香，切成细碎

1茶匙意大利香脂醋

做法：

1.把烤箱预热至375华氏度。

2.用盐和胡椒粉给牛里脊肉调味。用中高火在一个大煎锅里把油加热，放入里脊肉煎炸大约8分钟，将其煎炸成棕褐色。把肉放到烤盘架上。

3.制作硬皮方法：把芥末、大蒜、麝香草叶、迷迭香和意大利香脂醋搅拌在一起，然后均匀涂抹到煎炸过的里脊肉上，要把上部和各面全部覆盖。

4.烘烤里脊肉大约30分钟，烤肉温度计显示125华氏度时，表示肉已经三分熟。让里脊肉冷却10分钟，然后切片。

5.与大蒜辣根汤料一起食用（配方如下）。

大蒜辣根汤料

1杯量

材料：

2杯鲜奶油

1头大蒜，烤熟捣成泥

1/4杯瓶装辣根

1/4茶匙白胡椒粉

1/2茶匙粗盐

做法：

用低火在平底深锅内炖煮奶油20至25分钟，不时搅拌，至奶油量减半。拌入大蒜和辣根，用盐和胡椒粉调味。

越南大蒜—胡椒粉—酸橙牛肉

大蒜和胡椒粉是极佳的搭档，分别贡献出其独特的辣味。

4人量

材料：

2汤匙酱油

2汤匙酸橙汁

1½汤匙红糖

1汤匙鱼露

5个蒜瓣，切碎

3汤匙花生油或芥花油，或根据需要，炒菜用

1/2茶匙新鲜黑胡椒粉，根据需要可添加更多

粗盐，根据需要

1½磅三角状牛排或里脊肉，切成1/4英寸厚片

1个中号黄洋葱，纵向切成1/4英寸厚条

3汤匙干烤碎花生，装饰用

2棵大葱，切丝做装饰用

做法：

1.在一个小碗里把酱油、酸橙汁、糖和鱼露搅拌在一起，至糖融化。用另一个小碗搅拌大蒜、2茶匙油、半茶匙黑胡椒粉。

2.用盐和胡椒粉给牛肉调味。在炒锅或大煎锅里加热1汤匙油。分批单层加入牛肉片，煎炸1分钟，至一面呈棕褐色。翻面煎炸1分钟，至另一面呈棕褐色。把牛肉片放入盘中备用。等炒锅或煎锅再次加热后再放另一批牛肉片，根据需要倒入更多的油。

3.把炒锅调至高火，加热1汤匙油。加入洋葱翻炒2至3分钟，至洋葱变软并呈半透明色。加入大蒜—油—胡椒粉混合物翻炒20秒钟，至散发出香味。加入酱油调味汁，继续翻炒2至3分钟，至牛肉片和洋葱变软，与汤汁充分混合。

4.马上食用，饰以花生和大葱。

猪肉类

菲律宾焖猪肉

这道菜被认为是菲律宾的传统菜肴。如果愿意，你可以用粗棉布包一些胡椒籽，放在茶包里，这样用完后可以把它从菜里取出。如果你不介意在吃肉的时候偶尔吃到胡椒籽，也可以省略这一步骤。

4人量

材料：

1.5磅猪里脊肉，切成适口的块

24个蒜瓣，切碎

1/3杯苹果醋

3汤匙酱油

1汤匙黑胡椒籽

2片月桂叶

1/2杯水

1汤匙植物油

做法：

1.在炖锅里混合猪里脊肉，三分之一大蒜、醋、酱油、胡椒籽和月桂叶。将腌制的猪肉在冰箱里放置至少1至8个小时。

2.把炖锅放在中火上烧开。加入水，盖上锅盖，用低火炖煮至猪肉柔嫩。用漏勺把猪肉从锅内汤汁中捞出，把月桂叶取出丢弃。

3.用中高火加热煎锅。加入油和剩下的大蒜，煎炒大约1分钟，不时翻炒，至大蒜呈金黄色。加入猪肉煎炒大约2分钟，至猪肉熟透。加入汤汁炖煮2分钟。盛入加热过的汤碟，马上食用。

泰国蒜炒猪肉

这道泰式菜肴准备起来非常便捷。

4至6人量

材料：

1磅猪里脊肉

4汤匙大蒜，切碎

4汤匙酱油

1茶匙新鲜黑胡椒粉

1茶匙糖

2汤匙中性油（芥花油或菜油）

4杯蒸香米饭

1根黄瓜，切成薄片做装饰用

6小根香菜，做装饰用

4个鸡蛋，煎炸（可用可不用）

做法：

1.把猪肉切成1英寸宽薄片。在碗里或拉链密封袋里混合猪肉、大蒜、酱油、胡椒粉和糖。摇晃，使猪肉和调料混合均匀，然后放入冰箱至少30分钟至4个小时。

2.用中高火在炒锅内把油加热。加入腌泡过的猪肉和所有调料，煎炒大约5分钟，至猪肉熟透。

3.饰以黄瓜片和香菜，马上和香米饭一起食用。在每份饭上放一个煎鸡蛋（如果使用的话）。

古巴柑橘蒜汁手撕猪肉

这个古巴菜肴是柑橘大蒜汁配手撕猪肉，传统的佐餐饭是米饭和黑豆。

8至10人量

材料：

1个（5磅）带骨猪肩肉

6个蒜瓣，切成细碎

2茶匙茴香粉

1/2茶匙新鲜黑胡椒粉

2杯柑橘大蒜汁（配方如下），或更多做装饰用

2个黄洋葱，切成1/4英寸厚圆圈

2汤匙碎香菜

粗盐和新鲜黑胡椒粉，根据需要

做法：

1.制作柑橘大蒜汁。

2.在猪肉上均匀划出细小的切口，每个切口放入一些大蒜。在猪肉上撒上茴香粉和黑胡椒粉，放进一个大拉链密封袋，然后倒入一杯柑橘大蒜汁。将腌泡的猪肉放在冰

箱里至少3至8个小时，每隔一小时翻一次面。

3.把烤箱预热至325华氏度。把猪肉放入荷兰锅，加入1/4杯柑橘大蒜汁和1/4杯水。盖上锅盖，然后把锅放进烤箱。每小时检查一次，如果锅里太干的话，加一些水。烘烤4至5个小时，至猪肉柔嫩，可以轻易撕开。从烤箱取出猪肉，打开盖子冷却20分钟。

4.把洋葱圈分开放入浅盘，上浇剩下的3/4杯柑橘大蒜汁。用中高火在煎锅里把橄榄油加热，加热汤汁和洋葱，烹调大约6分钟，至洋葱柔软且半透明。

5.用两把餐叉把烤猪肉撕开，放入大平底盘。在猪肉上淋洒柑橘大蒜汁，然后放上洋葱圈。把香菜撒在上面，用盐和胡椒粉调味，马上食用。

柑橘大蒜汁做法

材料：

12个蒜瓣，捣成蒜泥，混合1汤匙盐

1杯水

1/2杯酸橙汁

1/2杯橙汁

2汤匙干牛至

2片月桂叶

1茶匙茴香粉

做法：

混合蒜泥、水、酸橙汁、橙汁、干牛至、月桂叶和茴香粉，在冰箱内储存至少1小时或隔夜。

海鲜类

法国海鲜羹

Bouillabaisse是法语“烧开”（bouille）和“慢炖”（abaisse）的合成词。这个具有传奇色彩的海鲜大杂烩源自法国的港口城市，通常与红辣蒜泥蛋黄酱一起食用。

6人量

油煎面包块

材料：

12个法国长面包片，1/2英寸厚

2个蒜瓣，剥皮切成两半

1/2杯特级初榨橄榄油

2个黄洋葱，切碎

1/4杯切碎的茴香头

3小枝西芹

3小枝麝香草

1片月桂叶

1磅小土豆，洗干净

1½磅小番茄，去皮去籽，切碎

4磅清理干净的各种鱼和海鲜（红鲷鱼、海鲈鱼、方头鱼、石斑鱼、鲈鱼、安康鱼、大比目鱼、墨鱼、罗非鱼、鱿鱼），如果需要可以切成块

16个蛤贝，洗干净

10杯鱼汤，温热

1茶匙碎藏红花丝

1/2杯法国绿茴香酒

粗盐和新鲜黑胡椒粉

1杯红辣蒜泥蛋黄酱

做法：

1.把烤箱预热至350华氏度。把法国长面包片放在糕点烤盘内烘烤大约10分钟，至面包片金黄酥脆。然后趁热用切开的大蒜擦抹面包片。放置一旁备用。

2.用中高火加热深底煎锅，倒

入1/4杯橄榄油。加入洋葱、碎蒜、茴香头、西芹、麝香草、月桂叶，煎炒大约5分钟，至洋葱软嫩并半透明。把小土豆铺放在洋葱之上，再把小番茄铺放在小土豆之上。加入鱼、海鲜和蛤贝。倒入鱼汤和剩下的1/4杯橄榄油。加入藏红花和绿茴香酒，用盐和胡椒粉给汤汁调味，然后用高火烧开。烹制时把海鲜取出放在盘内。蛤贝通常会在8～10分钟时张开，鱼类需要大约12分钟，土豆大约需要20分钟。

3.把汤汁滤出，作为第一道菜与大蒜面包片和红辣蒜泥蛋黄酱一起食用。

红辣蒜泥蛋黄酱

没有这道普罗旺斯蒜泥酱，任何法国海鲜羹都不能算是正宗地道的（这个名称在法语中指生锈，指蛋黄酱的颜色）。

1杯量

材料：

少许藏红花丝，弄碎

2汤匙鱼汤或蛤贝汤

4个蒜瓣，去皮切碎

1杯现成的蛋黄酱

1/2茶匙甜椒

少许辣椒粉

粗盐

做法：

在食品加工机或用研钵和乳钵杵混合藏红花丝和汤。加入大蒜搅拌成泥。把混合物盛入碗里，拌入蛋黄酱、甜椒和辣椒粉。用盐调味。红辣蒜泥蛋黄酱当天食用味道最佳。

普罗旺斯蒜泥蛋黄酱

普罗旺斯蒜泥蛋黄酱究竟应该包括哪些东西，并没有绝对的规定可言。可以只是一盘简简单单的煮马铃薯，也可以包括各种鱼类、海鲜和蔬菜，使之更精巧复杂。

2杯量

材料：

2个大蛋黄，室温

8个蒜瓣，切碎

少量盐

3/4杯特级初榨橄榄油

4茶匙柠檬汁，根据需要准备更多

1茶匙芥末酱

3/4杯花生油

粗盐和新鲜黑胡椒粉，调味用

做法：

1.手工制作蒜泥蛋黄酱：把蛋黄放在中号碗里，加入大蒜和少量盐，搅拌均匀。搅拌的同时加入几滴橄榄油，使之全部融入蛋黄。拌入柠檬汁和芥末酱，同时每次加入少量花生油，持续搅拌，至全部花生油都融入酱料。用柠檬汁、盐和胡椒粉调味。

2.用搅拌器制作蒜泥蛋黄酱：把蛋黄和大蒜加入搅拌器罐，用几秒钟时间搅拌成泥。加入少量盐，然后，在搅拌的同时通过罐口加入橄榄油，再加入柠檬汁和芥末酱，最后加入花生油，搅拌至油全部融入酱料。用柠檬汁、盐和胡椒粉调味。

3.与烧烤、水煮或清蒸的鱼类海鲜和贝类一起食用。

注意：

为每人准备6至8盎司鱼或贝类和一杯蒸蔬菜。比如：

烤金枪鱼

水煮三文鱼、大比目鱼或鳕鱼

蒸芦笋、菠菜或花椰菜

腌制的朝鲜蓟尖或朝鲜蓟根

烤绿色西葫芦或黄色西葫芦

蒸或煮的新鲜马铃薯

全熟水煮蛋

烩鱼汤

用酸橙汁和大蒜腌鱼是加勒比海马提尼克岛的传统美食。

6人量

材料：

2磅红鲷鱼片或其他肉质坚实的白鱼

4杯水

1/2杯酸橙汁

4根大葱，切碎

2个苏格兰帽椒或其他辣椒，切碎

4个蒜瓣，切碎

1茶匙粗盐

3杯长粒大米饭

做法：

1.在一个大容器内混合鱼、2杯水、酸橙汁、大葱、苏格兰帽椒、大蒜和盐。容器盖盖儿放入冰箱腌制至少1至12个小时。

2.把鱼从腌泡汁中取出备用。在煎锅内混合腌泡汁和剩下的2杯水，用中高火烧开。改为中低火炖煮汤料大约5分钟，至香味散出，汤料略微减少。

3.加入鱼再炖煮10分钟，至鱼熟透。尝味，根据需要用盐和胡椒粉调味。

4.食用时，把米饭分别盛入6个加热过的汤盘，把鱼放在米饭上，然后在上面浇一勺鱼汤，马上食用。

巴哈拉芫荽蒜酱炸鱼

这是乌兹别克斯坦巴哈拉地区犹太安息日宴会上的传统美食。因为巴哈拉地处内陆，所以此菜通常用鳟鱼、梭鱼或鲶鱼等淡水鱼来做。

4至6人量

材料：

5个蒜瓣，剥皮

1茶匙粗盐

1/2杯水

1杯切得细碎的芫荽叶

2磅肉质坚实的鱼片或鱼排

1茶匙粗盐

1/2杯水

植物油，炸鱼用，用量根据需要

做法：

1.制作大蒜芫荽酱：在食品加工机内混合大蒜、盐、1/2杯水和芫荽，然后加工成酱。根据需要加入更多盐调味，然后放置一旁备用。

2.在一个深底盘内把鱼片或鱼排排列成一层。用1/2杯水溶解1茶匙盐，制成盐水，然后浇在鱼上。把盐水鱼放在冰箱里大约20分钟。滤去盐水，然后用纸巾把鱼片或鱼排完全拍干。

3.在一个大而深的煎锅内加热1/2英寸深的油。加入鱼片煎炸大约10分钟，翻一次面，至鱼片成黄棕色。把鱼片用纸巾略微吸干，放入大盘或单独的餐盘。上浇大蒜芫荽酱，在室温下或冷藏后食用。

新加坡蒜辣炒虾

新加坡菜肴是多种文化与口味融合的产物。此菜有着中国菜、印度甚至某些越南菜的口味。不管辣味虾是不是新加坡最受欢迎的菜肴，但肯定是其中之一。你可以看到关于哪个街头摊位出售最地道的辣蒜虾的热烈争论，但同时也可以亲自尝试一下，或者用同样数量的螃蟹代替大虾。

4人量

材料：

6汤匙酱油

6汤匙水

1/4杯米醋

4茶匙黑芝麻油

1/4杯番茄酱

2汤匙糖

2汤匙玉米淀粉

3汤匙玉米油

1.5磅特大虾仁（16—20头）

2汤匙姜

4个蒜瓣，切碎

1个美洲红番椒，切碎

6根大葱，切成细碎

4杯长粒白米饭

做法：

1.在碗里混合酱油、水、醋、芝麻油、番茄酱、糖和玉米淀粉，搅拌至糖和淀粉溶解。放置一旁备用。

2.用高火在炒锅或煎锅中加热2汤匙油，加入大虾，每面煎炒大约1分钟，至大虾两面煎成焦干。

3.把虾盛入碗里。把炒锅或煎锅放回高火之上，加入剩下的1汤匙油。加入姜、蒜、辣椒和大约三分之二的大葱，煎炒大约10分钟，至散发出香味。

4.把大虾放回锅内煎炒大约1分钟，至大虾熟透，汤汁微稠。

5.连同汤汁一起盛入加热过的大盘，用剩下的大葱装饰，用米饭佐餐。

印度大蒜虾

此菜名据说源自印度拉贾斯坦帮，可以据此了解一点儿印度的词语：Lasooni指“大蒜”；jhinga是“虾”的意思；还有kadai是“炒锅”的意思，指此菜的特色汤汁。一定要确保留出足够的时间以便用香料和辣椒酱腌制大虾。

4人量

材料：

1/2茶匙粗盐

1/2茶匙姜黄粉

1/2茶匙辣椒粉

16个大虾，去皮、去肠线

2汤匙油

5或6个蒜瓣，切碎

1个青椒，切丝

1个红椒，切丝

7汤匙咖喱酱

1根大葱，切丝

1/2个柠檬，打成柠檬汁

粗盐，调味用

做法：

1.混合盐、姜黄粉和辣椒粉，将其均匀拌入大虾。把大虾在冰箱里至少腌制30分钟～8个小时。

2.在炒锅或煎锅中把油加热，加入大蒜煎炒大约20秒钟，至香味散出。加入辣椒继续煎炒30秒钟，至其极热。加入大虾煎炒2分钟，至其呈艳粉色。加入汤汁和大葱，煎炒大虾大约1分钟，至完全熟透。用柠檬汁和盐调味。

3.马上食用。

汤料

汤汁材料：

1/3杯印度酥油或玉米油

1汤匙切碎的大蒜

1汤匙芫荽籽，焙烤后粗略磨成粉末

3个干红辣椒，在研钵里粗略磨成粉末

2个红洋葱，切成细碎

1根2英寸长姜块，切碎

3个青椒，切成细丝

1磅小番茄，去皮、去籽，切成细碎

2茶匙粗盐

1茶匙火辣咖喱粉

1½茶匙干葫芦巴叶

粗盐（可用可不用）

1茶匙糖（可用可不用）

做法：

1.用中高火在煎锅内把酥油加热，加入大蒜煎炒大约30秒钟，不时搅拌，至大蒜呈金黄色。加入芫荽籽和红辣椒，煎炒30秒钟，至香味散出。加入洋葱，继续煎炒大约4分钟，至其呈黄褐色。

2.加入姜、青椒和番茄。降至低火烹调大约20分钟，至多余水分完全蒸发，植物油脂开始出现。

3.加入盐、火辣咖喱粉和葫芦巴叶，搅拌均匀。如果需要，用盐和少许糖调味。汤汁至此已经可以食用，也可以放入加盖容器在冰箱里储存3天。

上海香辣小龙虾

此菜流行于上海。

4至6人量

材料：

2磅活的小龙虾（或大虾）

2汤匙花生油

10个蒜瓣，剥皮，轻轻捣碎

5片生姜

8个干红辣椒

1汤匙四川胡椒籽

2汤匙酱油

1茶匙鸡精

1汤匙糖

1/2茶匙芝麻油

1/2杯水

粗盐，调味用

做法：

1.在冷盐水中把活的小龙虾泡半个小时后，用凉水把龙虾彻底冲洗干净。

2.用中高火在炒锅或煎锅中把油加热，加入大蒜、生姜、干辣椒和四川胡椒籽，煎炒大约1分钟，至香味散出。加入小龙虾（或大虾）煎炒大约5分钟，至虾壳呈鲜红色。

3.加入酱油、鸡精、糖、芝麻油和水，搅拌均匀。盖盖炖煮5分钟。用盐调味，马上食用。

姜蒜蘸酱轻炸鲣鱼片

此菜是把生姜、大蒜和大葱放在鱼片上，源自日本历史上唯一一个喜爱大蒜的省份高知县。

4人量

材料：

2茶匙植物油

1个新鲜鲣鱼片或金枪鱼片，带鱼皮的一面朝上

1/2杯切成碎片的大葱

4汤匙姜末

2汤匙蒜碎

1杯姜蒜蘸酱（配方如下）

1/2个柠檬，切成薄片

2杯切成丝的萝卜

做法：

1.用高火在平底锅中把油加热，加入鲣鱼或金枪鱼片，煎炸大约1分钟，至鱼肉转白。翻面再煎炸大约1分钟，然后马上把鱼片放入浅盘，在冰箱里冷却大约1个小时。

2.在一个小碗里混合1/4杯葱片、一半姜末和蒜碎，和1/2杯姜蒜蘸酱。把混合料倒在冷却过的鱼片上，翻面使之均匀，用菜刀的平面拍打鱼片，使腌泡料进入鱼肉。在冰箱里腌泡鱼片至少10至60分钟。

3.上菜时，在冷却过的大餐盘上铺上一层萝卜丝，把鱼切成1/2英寸厚片，摆放在萝卜丝上。用柠檬片和剩下的葱片、姜末和蒜碎装饰。

4.配以剩下的姜蒜蘸酱一起食用。

姜蒜蘸酱

1杯量

材料：

1/2杯酱油

1/4杯米酒醋

4个蒜瓣，切碎

2汤匙姜末

2汤匙葱末

2茶匙蜂蜜

1茶匙芝麻油

做法：

在一个瓶子里混合所有材料，摇匀。可以在冰箱里储存2天。

素菜类

蒜蓉炒生菜

在广东话中，大蒜、生菜有生财之意，使这个菜肴在新年期间大受欢迎。

4人量

材料：

1头卷心生菜，去根，把菜叶分开

1茶匙半酱油

1茶匙半芝麻油

1茶匙米酒或干雪利酒

3/4茶匙白糖

1/4茶匙白胡椒粉

3汤匙花生油或植物油

3个中号蒜瓣，碾碎去皮

1/4茶匙粗盐

做法：

1.用冷水清洗生菜数次，把菜叶分为两半。用漏勺把菜叶彻底沥干。

2.汤汁制作方法：在一个小碗里混合酱油、芝麻油、米酒或干雪利酒、糖和胡椒粉，至糖溶解。放置一旁备用。

3.用大火加热炒锅或煎锅，加入花生油和大蒜，煎炒10秒钟，至香味散出。加入生菜煎炒1分钟。加入盐继续煎炒1分钟，至生菜微微柔软。倒入汤汁煎炒1分钟，至生菜软嫩。

4.盛入加热过的盘子马上食用。

鱼香茄子

这是一道中国菜，要选择细长的亚洲茄子，不能用又大又圆的茄子。

4人量

材料：

5汤匙花生油，分批倒入

4个中国或日本茄子（大约1½磅），切成1英寸厚圆块

8个蒜瓣，切碎

2茶匙切碎的鲜姜

2汤匙酱油

1汤匙豆酱

1汤匙蒜蓉辣酱

1茶匙糖

1罐（8盎司）荸荠，沥干

1/2杯鸡汤或水

1汤匙玉米淀粉

1根大葱，切段做装饰用

1汤匙芝麻油，装饰用

1汤匙烤芝麻籽，装饰用

做法：

1.在炒锅或大煎锅内把2汤匙油加热，分批加入茄子，煎炸大约2分钟，至茄子呈金黄色。把茄子放入盘内备用。分批放入茄子时要加入更多的油，并在放入茄子前使油充分加热。

2.把炒锅或煎锅放回高火之上，加入1汤匙油、蒜和姜，煎炒大约20秒钟，至香味散出。加入酱油、豆酱、辣酱和糖，煎炒大约20秒钟，使之充分融合。把茄子和荸荠放回炒锅，煎炒大约2分钟，至茄子被酱料充分覆盖。

3.把淀粉和鸡汤或水搅拌均匀，倒入锅内。炖煮大约5分钟，至茄子柔嫩，汤汁变稠。

4.饰以葱段、芝麻油和芝麻，马上食用。

印度咖喱

此大蒜罗望子咖喱源自南印度切蒂纳德地区，习惯上与米饭一起食用。

材料：

1团乒乓球大小的罗望子果肉

2杯水

粗盐，根据需要

1茶匙植物油

1/2汤匙鹰嘴豆（可用可不用）

1/2茶匙黑胡椒籽

1/2茶匙芫荽籽

1/2茶匙茴香籽

3头洋葱，切成两半或四块

4个蒜瓣，去皮碾成蒜泥

4片咖喱叶，碾碎

1个干红辣椒，切碎

1汤匙植物油

1个干红辣椒

4片咖喱叶，碾碎

1/2茶匙芥末籽

1/2茶匙葫芦巴籽

20个蒜瓣，去皮

6头洋葱，根据大小切成两半或四块

1/2个番茄，去籽切碎

2茶匙红糖（可用可不用）

1/2茶匙姜黄粉

1/2茶匙咖喱粉

1/4茶匙辣椒粉

少量阿魏

4杯香米饭

做法：

1.用2杯淡盐温水把罗望子腌泡20分钟，然后用漏勺沥出水分，用刮板或勺背把果肉挤压出来。去除纤维。应该得到2杯罗望子水，把水放置一旁备用。

2.在平底锅中加热1茶匙油，加入鹰嘴豆（如果使用的话）、黑胡椒籽、芫荽籽、茴香籽、洋葱、大蒜、咖喱叶、辣椒和番茄，焙烤大约3分钟，不时搅拌，至香味散出。然后马上放入香料研磨机或研钵，把所有材料打磨成酱。放置一旁备用。

3.用中高火在荷兰锅或汤锅中加热1汤匙油。加入辣椒、咖喱叶、芥末籽和葫芦巴籽，煎炒大约2分钟，至籽粒开始爆开。加入大蒜和洋葱，煎炒大约6分钟，不时搅拌，至呈淡棕色。加入番茄煎炒大约3分钟，不时搅拌，至番茄甜味散出。拌入红糖（如果使用的话）、姜黄粉、咖喱粉、辣椒粉和阿魏。

4.把罗望子水拌入咖喱。把香料酱拌入咖喱，然后用中火炖煮大约30分钟，不时搅拌，至咖喱变稠。

5.与蒸米饭一起食用。

阿根廷蒜酱豆腐

此配方的特色是在豆腐上涂抹大量美味的阿根廷烧烤酱。

4人量

材料：

1磅豆腐

大蒜酱

2杯切碎的西芹

6个蒜瓣，切碎

4汤匙切碎的洋葱

2茶匙切碎的牛至

1茶匙粗盐

1/2茶匙新鲜黑胡椒粉

1/2茶匙红辣椒片

1/2杯特级初榨橄榄油，根据需要为大蒜面包准备更多

3汤匙雪利酒醋

3汤匙酸橙汁

大蒜面包材料：

4片农夫面包或酵母面包

4个蒜瓣，切成两半

做法：

1.用几层纸巾把豆腐沥干，同时在豆腐上面放上纸巾，上压重物把豆腐中的多余水分按压出来。至少让豆腐沥干20分钟，然后把豆腐切成4块。

2.蒜酱做法：在一个碗里混合西芹、大蒜、洋葱、牛至、盐、胡椒粉、红辣椒片、橄榄油、醋和酸橙汁。

3.把豆腐放入盘内或拉链密封袋内，加入1杯蒜酱。翻转豆腐使之均匀接触蒜酱，盖盖（如果使用盘子的话），在冰箱里腌泡豆腐至少3至12个小时。

4.用大火给平底煎锅预热，加入豆腐块，每面烤大约2分钟，至豆腐熟透，呈棕褐色。

5.大蒜面包做法：用橄榄油轻刷面包片，然后用切开的蒜瓣涂抹面包片。用中高火给另一只煎锅加热，加入面包片，每面烤大约2分钟，至面包片呈金黄色。

6.把豆腐块放在面包片上，上面涂抹蒜酱食用。

青蒜调味饭

青蒜指未成熟的、在蒜头分瓣前收获的大蒜，只在暮春和初夏季节才有。蒜味有着温和的草香，像是味道强烈的大葱。

4人量

材料：

4杯鸡汤或菜汤

1杯干白酒

2汤匙橄榄油

1/2杯切碎的青蒜，分开用

1杯半意大利米

2汤匙黄油

1/2杯帕尔马干酪

粗盐和新鲜黑胡椒粉，调味用

新榨柠檬汁，调味用

做法：

1.在一个小平底煎锅内混合鸡汤（菜汤）和干白酒，用中火烧开。在整个烹调过程中要保持温热。

2.用中火在一个大平底煎锅内把橄榄油加热，加入1/4杯青蒜，煎炒大约2分钟，不时搅拌，至青蒜变软。

3.加入意大利米，和油搅拌均匀，煎炒大约2分钟，不时搅拌，至大米开始变色并散发出坚果般香味。

4.加入大约1杯半烫酒汁，炖煮大米，不时搅拌，至大米把汤汁全部吸收。再加入1杯半烫酒汁，炖煮至大米将汤汁全部吸收。加入剩下的烫酒汁炖煮大米，不时搅拌，至大米熟透软嫩，调味饭呈奶油色。整个过程大约需要18分钟。

5.煎锅离火，拌入奶油、干酪和剩下的青蒜。用盐、黑胡椒粉给米饭调味，并挤入新鲜柠檬汁。用加热过的汤盘马上食用。

烤蒜蛋奶酥

此蛋奶酥的主要成分被厨师们称为白酱，可以提前四天准备出来。白酱中的牛奶被注入了生蒜、新鲜麝香草和黑胡椒的味道，口味醇厚浓郁。蛋奶酥可以在简便的晚餐上与硬皮面包、沙拉和红酒一起食用。

4人量

材料：黄油，用于准备烤盘

2杯半全脂牛奶

3个蒜瓣，剥皮捣成泥

3小枝新鲜麝香草

1汤匙黑胡椒粉

6汤匙无盐黄油，准备更多涂抹蛋奶酥盘

5汤匙通用面粉

4个大蛋黄

3头大蒜，烘烤后捣成泥

1杯半帕尔马干酪，再加4茶匙撒在烤菜盘上

1杯（5盎司）山羊乳干酪碎

1茶匙新鲜麝香草叶

少量新磨肉豆蔻

8个蛋白

做法：

1.把烤箱预热至400华氏度，在烤箱中部安放一个烤架。用黄油刷抹2夸脱蛋奶酥盘，再用少量帕尔马干酪涂抹烤盘。把烤盘放置一旁备用。

2.在平底煎锅里混合牛奶、蒜瓣、麝香草枝和黑胡椒粉，然后用中火烧开。马上把煎锅移离火源，让牛奶浸泡至少20分钟。

3.用中火在煎锅中加热黄油，至黄油融化。拌入面粉搅拌成均匀的面酱，然后烹制大约4分钟，不停搅拌，至面浆呈金黄色，并发出淡淡的坚果香味。把牛奶慢慢倒入黄油面酱里，搅拌，使其不产生疙瘩。用中小火烧开，炖煮大约10分钟，不时搅拌，至酱料变稠而且均匀。

4.把酱料倒入碗里，每次拌入一个蛋黄。加入烤蒜泥、帕尔马干酪、山羊乳干酪、麝香草叶和肉豆蔻，混合所有材料，搅拌至均匀。

5.用电动搅拌器或手工搅打蛋白，分三次把蛋白拌入干酱料。把蛋奶酥糨糊盛入准备好的盘子里，烘烤20至25分钟，至蛋奶酥膨胀，顶部和四面呈金黄色。

6.把蛋奶酥盛入加热过的盘子，马上食用。

配菜类

哈斯贝克马铃薯（手风琴马铃薯）

这个配菜的马铃薯切成手风琴的形状，它是以第一家提供此菜的斯德哥尔摩的一家饭馆哈斯贝克而命名的。切割时要求在马铃薯的两边放两根筷子，以阻止刀刃把马铃薯切断，马铃薯下部的1/8是保留不动的。

4人量

材料：

4个中号褐色马铃薯

4个蒜瓣，切成薄片

2汤匙橄榄油

粗海盐和新鲜黑胡椒粉，根据需要

做法：

1.把烤箱预热至425华氏度。把马铃薯放在切菜板上两根筷子之间，平整的一面朝下。从马铃薯的一边开始，几乎把马铃薯切透，薄片的厚度大约⅛英寸。

2.把马铃薯放在烤盘内，向下按压使薯片展开，把蒜片塞进切口。然后在马铃薯上淋洒橄榄油，再撒上海盐和胡椒粉。

3.盖上烤盘，烘烤45至50分钟，至马铃薯变软。揭开盘盖，再烘烤10分钟，至马铃薯上部呈金黄色。

大蒜土豆泥

大蒜土豆泥的做法是以朱丽亚·恰尔德《掌握法国厨艺》中的经典配方为基础的，与通常的拌土豆泥截然不同。虽然准备蒜酱是额外的一步，但这是非常值得的。

8人量

材料：

2.5磅烤土豆，去皮，切成块

粗盐，调味用，分开使用

1/4杯软化奶油

蒜酱（配方如下）

1/4鲜奶油，根据需要加热

新鲜胡椒粉，调味用

1/4杯碎西芹

做法：

1.制作蒜酱。

2.把土豆放在深锅里，加入足够的凉水，覆盖土豆大约1英寸。加盐调味，然后用中火煮开，炖煮大约20分钟，至土豆非常柔软。用漏勺沥干土豆，再放回锅内。低火1至2分钟，让土豆收干。

3.深锅离火，用木勺或马铃薯搅碎机把土豆捣碎，拌入黄油、蒜酱和足够的鲜奶油以达到希望的黏度。加盐和胡椒粉调味。加入碎西芹捣成泥，马上食用。

蒜酱材料：

30个蒜瓣，用热水烫后去皮

4汤匙黄油

3汤匙通用面粉

1杯牛奶，加热

粗盐和白胡椒粉，根据需要

做法：

1. 用中火在一个小深底煎锅内融化奶油，加入大蒜，盖盖，用低火烹调大约20分钟，不时搅拌，至大蒜非常软嫩，但没有变成棕色。加入面粉搅拌成酱。低火烹调大约2分钟，至面粉有点儿焦香味。拌入牛奶、盐和胡椒粉，把疙瘩搅拌开。炖煮大约3分钟，不时搅拌，至蒜酱变稠。冷却10分钟，然后用食品加工机或手工把蒜酱捣成泥。保持温热。

玉米面粥

蒜酱玉米面粥是罗马尼亚和摩尔多瓦共和国的传统食物。泰勒米亚是当地的传统干酪，但也可以用希腊白软干酪代替。

材料：

3杯半水

1茶匙半粗盐

2汤匙黄油

1杯粗糙黄玉米面

1/2杯磨碎泰勒米亚干酪或希腊白软干酪

2汤匙碎韭菜、麝香草或牛至菜

做法：

1.制作蒜酱（配方如下）。

2.在深锅中把水烧开，加入盐和黄油。把玉米面一点点倒入开水，同时用木勺不断搅拌。炖煮玉米面35至40分钟，不时搅拌，至玉米面柔软并呈奶油色。

3.玉米面粥上放蒜酱、泰勒米亚干酪或希腊白软干酪，还有香草。

蒜酱材料：

1头大蒜，蒜瓣分开，去皮

1茶匙粗盐

2汤匙菜籽油

1/2杯酸奶油

新鲜黑胡椒粉，调味用

做法：

1.把大蒜和盐在研钵中捣成泥。在一个小碗里搅拌蒜泥和油大约3分钟，至混合物融合、变稠。

2.拌入酸奶油，随口味用黑胡椒调味。蒜酱至此已可食用，也可以放入加盖容器在冰箱中储存2天。

烤蒜凤尾鱼炒甘蓝菜叶

甘蓝菜叶的味道微苦，与大蒜和凤尾鱼是完美的搭配。这个配方与包括茅菜和芥蓝在内的其他苦味绿叶菜搭配也很理想。

4人量

材料：

1½磅甘蓝菜叶，去茎

3汤匙橄榄油

8个蒜瓣，去皮切成薄片

3个凤尾鱼片，沥干切块

1/4茶匙红辣椒片，或根据口味使用更多

粗盐和新鲜黑胡椒粉，调味用

做法：

1.用高火把一大锅盐水烧开，加入甘蓝菜叶炖煮大约3分钟，至菜叶微软，呈亮绿色，然后马上用漏勺捞出，用冷水冲洗。把甘蓝菜叶沥干。

2.在煎锅里混合油和大蒜，用中

火微微加热，至大蒜酥脆，呈金黄色。把烤蒜从油中捞出备用。

3.加入凤尾鱼片和红辣椒片，煎炒至凤尾鱼入味。加入沥干的甘蓝菜叶，继续煎炒2至3分钟，不时摇晃、搅拌，至菜叶混合均匀。撒盐和胡椒粉来调味。

4.撒上烤蒜，马上食用。

蒜炒羽衣甘蓝和白豆

这是意大利经典菜肴的美国化版本，与炸鸡或炸鸡式牛排是完美搭配。

4人量

材料：

1.5磅羽衣甘蓝，切碎

2汤匙橄榄油

2片非熏制咸猪肉，切碎

6个蒜瓣，切碎

1杯半熟白豆，洗净沥干

1/2杯鸡汤或水

粗盐和新鲜黑胡椒粉，调味用

做法：

1.用高火把一大锅盐水烧开，加入羽衣甘蓝，把它按入水中。炖煮大约3分钟，至其开始变软并呈亮绿色。马上用漏勺捞出，用冷水冲洗，然后充分沥干。

2.在煎锅内混合油和咸猪肉，用中火微微加热，至猪肉酥脆，然后捞出备用。

3.把大蒜加入热油煎炒大约1分钟，不时搅拌，至香味散出。加入羽衣甘蓝继续煎炒大约3分钟，不时摇晃、搅拌，至其与油充分接触。加入白豆和鸡汤，炖煮至蔬菜柔软，鸡汤几乎完全消失。用盐和胡椒粉调味，马上食用。

甜点类

大蒜胡桃酥

制作胡桃酥的窍门是事先把一切食材准备好，还要温度适宜。熬制过的糖极热，一定要保护好手臂，倾倒糖浆时一定要远离身体。胡桃酥本身就是极好的甜食，也可以蘸巧克力酱，或掰碎撒在冰淇淋上食用。再尝试一下大蒜胡桃酥巧克力酥饼。

大约12盎司量

材料：

1/2杯蒜瓣，烫洗去皮

1杯糖

1/4杯玉米糖浆

2汤匙黄油，室温

1茶匙香草

1/4茶匙粗盐

1杯胡桃，烘烤后切碎

做法：

1.在烤盘内放一张烤纸或锡箔纸。

2.把大蒜粗略切碎备用。

3.用中火在一个大深底煎锅中混合糖和玉米糖浆，搅拌大约5分钟，至糖溶解。继续熬煮，至糖浆达到300华氏度（硬皮状态），呈黄褐色。

4.煎锅离火，加入黄油、香草和盐，搅拌至黄油溶化，与糖完全相融。加入大蒜和胡桃，搅拌均匀。

5.把滚烫的糖浆刮入准备好的烤盘，一定要快速而且仔细。把煎锅倾斜，使糖浆流入烤盘，形成均匀的一层。冷却一两分钟后，用刮板把糖浆摊展均匀。待胡桃酥完全冷却后（至少1小时），切成厚块。

大蒜胡桃酥巧克力酥饼

这种酥饼并没有明显的“大蒜味”，相反，其口味绵长，大蒜只是起着辅助的作用。胡桃酥块所含的糖会使酥饼膨胀一些，因此，在烘烤的时候，一定要在块与块之间留出足够的空间。

制作2打半酥饼

材料：

2杯半通用面粉

1/2茶匙小苏打

1茶匙粗盐

1杯（两根）软化黄油

3/4杯砂糖

3/4包装红糖

1茶匙香草精

2个大鸡蛋

2杯半糖、巧克力块

1杯切碎的大蒜胡桃酥

做法：

1.把烤箱预热至375华氏度。

2.在碗里混合面粉、小苏打和盐。

3.用搅拌器中速搅打黄油、砂糖和香草精大约2分钟，至混合物呈奶油色。加入鸡蛋，每次加入一个充分搅打，使混合物搅拌均匀。

4.用手或机器低速搅拌面粉混合物，拌入巧克力块和大蒜胡桃酥。

5.用圆形汤匙把面糊放在不抹油的烤盘上，每块酥饼之间至少留出3英寸距离。

6.烘烤酥饼10至12分钟，至酥饼呈黄褐色。在烤盘里冷却酥饼2分钟，然后移到盘上彻底冷却。

烘烤大蒜巧克力松露

松露是简单易做的甜点。在传统的用奶油和巧克力制作的奶酱里加入烤蒜，使这种松露口味大变。为了享用其最丰富的香味和质地，从冰箱里取出来之后，要留出一点儿时间等其升温。

制作36块松露

材料：

3盎司黑巧克力，切碎

3盎司牛奶巧克力，切碎

1杯鲜奶油

4汤匙无盐黄油

1头大蒜，烘烤后碾成泥

无糖可可粉，滚松露用

做法：

1.把碎巧克力放在一个中号碗里。

2.把奶油放入小号厚底煎锅煮开，然后倒在巧克力上面。放置2至3分钟，然后搅拌，使巧克力融入奶油。拌入黄油和蒜泥。在冰箱里冷却至少40分钟～24个小时，至混合物非常坚实。

3.在烤盘里铺上锡箔纸，然后在上面撒几汤匙可可粉。

4.每次刮出1汤匙量的松露，用手掌揉成球状。把松露球放入撒有可可粉的烤盘。所有松露定型后，再在上面撒一些可可粉，轻轻滚动，使松露外表都沾有可可粉，然后存放在冰箱里。

烤蒜咖啡冰淇淋

肥鸭饭店的厨师海斯顿·布卢门撒尔以其分子美食而闻名，也是把独特但互补的口味“配伍”的先驱。其中的一个“配伍”就是大蒜和咖啡，这里介绍的带有漩涡状咖啡——大蒜的烤蒜冰淇淋就是受到了这个“配伍”的启发。

材料：

2杯奶油

1杯牛奶

2头大蒜，烘烤后碾成泥

1/4杯焦炒咖啡豆

2汤匙蜂蜜

4个大蛋黄

1/2杯糖

1茶匙香草精

1杯粗略切碎的大蒜咖啡酥饼

做法：

1.在煎锅里混合奶油、牛奶、大蒜、咖啡和蜂蜜，用中火烧开后离火，加盖放置一个小时。把混合物滤入一个干净的煎锅，再用中火烧开。

2.在碗里混合蛋黄、糖和香草精，拌入一满勺大蒜—奶油混合物，搅拌均匀。把此混合物放回煎锅炖煮大约6分钟，至混合物变稠，能够黏住木勺背。用线网筛把混合物滤入碗里，冷却至室温，然后用加盖容器在冰箱里存放8至24个小时。

3.按要求用冰淇淋机冷冻混合物，把未冻透的冰淇淋放入碗里，与大蒜—咖啡酥饼混合。把冰淇淋放入冷冻室存放至少3个小时再食用。如果冷冻时间超过了6个小时，在食用前先把冰淇淋放入冷藏室存放30分钟。

注解：

大蒜—咖啡酥饼的做法是按照大蒜—胡桃酥饼的配方，但要用1/3杯粗略打碎的焦炒咖啡豆或意大利特浓咖啡豆代替胡桃。

烤蒜焦糖蛋奶

焦糖脆皮与蛋奶是完美的搭配，烤蒜又为其增添了醇厚温暖的口味。高品质的蛋奶如果用勺背一击，会裂成碎片。

5人量

材料：

2杯鲜奶油

5个蛋黄

2汤匙糖，再为布丁准备10茶匙糖

2头大蒜，烘烤后碾成泥

1/2茶匙粗盐

1.把烤箱预热至275华氏度。在深底烤盘里安放5个布丁盘或奶糕盘。

2.在碗里混合奶油、蛋黄和2汤匙糖，至糖溶化。加入大蒜和盐，搅拌均匀。把混合物滤入5个布丁盘或奶糕盘，全部加满。把烤盘放在烤箱烤架上，加入1英寸深的开水。

3.烘烤蛋奶大约40分钟，至变稠，差不多熟透（蛋奶中心应该已经定型，但如果轻轻摇晃杯子，蛋奶糕还是会轻轻颤动）。冷却至室温，然后加盖在冰箱里存放至少8至24个小时。

4.把烧烤器加热至高温。在蛋奶上面均匀撒上2茶匙糖，然后把盘子或杯子安放在烧烤器或烤盘上。烘烤蛋奶大约6分钟，至糖变成深棕色并形成脆皮。马上食用。

传统食谱

3500年前用楔形文字书写的苏美尔泥刻自19世纪50年代开始公之于世。一开始，人们推测这些泥刻的内容是制药配方。然而，法国亚述研究专家、卓有成就的厨师让·薄德侯在设法破译了用阿卡德语书写于公元前1700年的三块泥板之后，却发现它们是一系列食品的配方，从瞪羚到鸟类，从谷物到大头菜无所不包（《世界最古老食谱：美索不达米亚厨艺》，芝加哥大学出版社，2004年）。薄德侯宣传这些食品“只对其最大的敌人有益”，但有些人尝试了其中的某些菜肴，他们的观点影响更大。

要翻译出使现代厨师能够操作的食品配方需要克服几个方面的挑战。泥刻上有些地方破碎，有些地方脱色，原文本残缺不全，模糊难辨。配方翻译中的括号里面的内容是译者对缺失文字的猜测。另一个难题是配方中列举的很多材料已经不复存在。尤其是其中一味材料——血，这是为了使汤汁更加美味醇厚，会使食物颜色变深，甚至变成黑色，还会使食物味道独特，这是现代大多数食者永远都不会接触到的。

我们确知苏美尔人喜欢一些香料，包括了葱属植物，其中有韭葱，还有很多大蒜。基于这样的考虑，翻译出来的食谱应该是接近被某些人称为世界上最古老厨艺的口味和质地的。

肥油大蒜洋葱酸乳猪血炖山羊肉

苏美尔泥板原文：（放入炖锅之前）先用火烧头、腿和尾。（除了小山羊肉之外）还需要肉（最好是羊肉以增加口味）。把水烧开，放入肥油。挤出洋葱、samidu（一种植物，很可能是葱属植物）和大蒜（汁液），与血和酸乳（一起放进锅内）。（加入）同等数量的suhutinnu（另一种可能是葱属的植物），马上食用。

一点变化：如果愿意，可以把丁香和胡椒籽包在一小块粗棉布里或放在茶包里，这样更容易取出。

4至6人量

材料：

2.5磅山羊肉，切成3英寸方块

粗盐和新鲜黑胡椒粉

5汤匙熬炼过的羊油或山羊油，或猪油

1头大洋葱，切成细碎

2根韭葱，选择白色和淡绿色部分，切碎

10个蒜瓣，切碎，分开使用

2根胡萝卜，切成细碎

2茶匙番茄酱

2片丁香

1/4茶匙黑胡椒籽

1杯猪血

1杯希腊式酸奶

做法：

1.用盐和胡椒粉给山羊肉调味。

2.用中高火在荷兰锅或耐火砂锅中将羊油或猪油加热。放入山羊肉煎炸大约10分钟，至各面都呈深棕色，然后放入盘中备用。

3.加入洋葱、韭葱、12瓣大蒜和胡萝卜，煎炒大约8分钟，不时搅拌，至洋葱和大蒜呈金黄色。加入番茄酱搅拌均匀。用中火烹调大约2分钟，至番茄酱颜色变深并散发出甜味。把山羊肉放回锅内，加入足够的汤或水没过山羊肉。加入丁香和胡椒籽，部分没在水里，炖煮1½至2个小时，至山羊肉非常软嫩。食用前，拌入猪血和酸奶，再炖煮3至4分钟，至汤汁变稠。马上食用。

注解：

猪血可能不太好找到，但如果你附近有屠夫的话，可能可以从他们手中买到猪血。猪血非常容易腐坏，所以应尽快烹调。如果屠夫还没有在猪血中加入抗凝血剂，就在每一杯猪血中拌入1茶匙红酒醋。

大蒜洋葱麦芽面饼牛奶炖鸟肉

苏美尔泥板原文：（除了鸽子、鹌鹑或鹧鸪这些tarru鸟类之外，）还需要新鲜羊腿肉。把水烧开，放入油脂。tarru经过处理后（放入锅里）。根据口味加入粗盐。（加入）去壳麦芽面饼。挤出洋葱、sam du、韭葱、大蒜的汁液和牛奶（一起放入锅里）。（烹煮）后把tarru肉切下，放入（锅内）汤中（炖煮）。然后再放回锅内（完成烹调）。取出切片。

6人量

材料：

6只鹌鹑，把翅膀扎紧

3汤匙熬炼过的鸡油或羊油，或者橄榄油

1棵韭葱，洗净后切成厚片

1个洋葱，粗略切碎

1棵大葱，粗略切碎

8个蒜瓣，粗略切碎

1汤匙醋

2杯牛奶

大麦面饼

2杯大麦面粉

1/4杯熬炼过的鸡油或羊油，或植物起酥油

1茶匙粗盐

汤或水，根据需要使用

1把豆瓣菜

做法：

1.把烤箱预热至325华氏度。

2.用中高火在荷兰锅或耐火砂锅内把油脂加热，将鹌鹑煎炸大约8分钟，根据需要翻面，至各面都炸成金黄色。把鹌鹑放在盘中备用。加入韭葱、大葱和大蒜，煎炒大约8分钟，不时搅拌，至洋葱柔嫩呈金黄色。

3.把煎好的蔬菜铺摆成均匀的一层，把鹌鹑放在蔬菜上，加入牛奶和醋，然后烧开。把荷兰锅或砂锅加盖放进烤箱。炖煮大约40分钟，至鹌鹑软嫩熟透。

4.大麦面饼做法：混合1/4杯大麦面粉、油脂和盐，然后逐步拌入炖煮鹌鹑的汤汁，揉成光滑的软面团。把面团分成六等份，每份擀成6英寸直径的圆片。

5.用中高火把生铁煎锅或平底煎锅加热，涂抹少量油脂。在热锅

中每次煎炸一张面饼，每面大约1分钟，至面饼熟透，双面微黄。根据需要往锅内加油。用干净餐布把大麦面饼包住保持温度。

6.每张面饼上面放一只鹌鹑，在鹌鹑上面浇上汤汁和蔬菜，马上食用。

油脂茴香芫荽韭葱大蒜红烧萝卜

需要肉。把水烧开，放入油脂。（加入）洋葱、dorsal thorn（一种不知名的植物，用于调味）、芫荽、茴香和kanafl（一种豆类）。挤压韭葱和大蒜，把（汁液）洒在上面。加入洋葱和薄荷。

6人量

材料：

2根韭葱，分开使用

4个萝卜，去皮切块

16个蒜瓣，去皮但保留整个蒜瓣，分开使用

1个洋葱，粗略切碎

1/2杯扁豆

1块（3盎司）咸猪肉或熏肉，整块保留

1½茶匙芫荽籽

1茶匙茴香籽

1束薄荷，把叶子粗略切碎

粗盐和新鲜黑胡椒粉，调味用

做法：

1.把一棵韭葱的白色和淡绿色部分切成圆片。在汤锅中混合韭葱圆片、萝卜、12个蒜瓣、洋葱、扁豆、咸猪肉或熏肉、芫荽籽和茴香籽。加入足够的冷水，刚刚没过萝卜。把水烧开，然后减火炖煮大约40分钟，锅盖不用盖严，至萝卜和大蒜软嫩。

2.用食品加工机或研钵把另一棵韭葱的葱白和剩下的4个蒜瓣打碎。加入薄荷，继续打碎至混合物成泥。如果需要，加入部分煮萝卜汤汁帮助打碎。

3.把韭葱—大蒜—薄荷泥拌入萝卜和扁豆中。用盐和胡椒粉调味，马上食用。

大蒜乳酪

大蒜乳酪是古代牧羊人的食物，维吉尔在一首同名诗中对此进

行了描述。此配方是GodeCookery的版本，这是一家专事古代厨艺的网站（www.godecookery.com）。对古代人可能使用大蒜的标准数量是有争议的。此配方提出使用8瓣大蒜，这是一个比较恰当的量，你可以根据个人的对大蒜的喜好程度进行调配。

6人量

材料：

8个蒜瓣，切成细碎

2根芹菜梗，切成细碎

1/2束香菜，只要叶子

1/2束拉维纪草，只要叶子（可用可不用）

4盎司羊乳酪，弄碎

2汤匙橄榄油

2汤匙白酒醋

做法：

用研钵和研钵杵或食品加工机把大蒜、芹菜、香菜和拉维纪草（如果使用的话）捣成均匀但粗糙的酱泥。加入羊乳酪、橄榄油和醋。把所有材料捣成均匀的糨糊。食用前，把混合物放入加盖容器，在冰箱里冷藏至少2至24个小时。

酒焖葱蒜兔肉

此菜是用红酒、20瓣大蒜和40棵大葱红烧兔肉。虽然被著有《美食小百科》的珀斯贝·蒙塔涅认为是“充满强烈大葱和大蒜味道的颇为平庸的大杂烩”。当然，并不是所有人都同意他的看法，很多人却把此菜称作法国的传奇美食。伊丽莎白·大卫所著的《地中海美食》重现了这一传统菜肴。

材料：

1只兔子，保留肝脏和心脏

4厚片非熏制猪肉

3汤匙鹅油或鸭油

2个洋葱，切碎

1根胡萝卜

20个蒜瓣，去皮但保留完整蒜瓣

8根红葱，去皮但保留完整红葱

1块（4盎司）熏肉片

1/3杯红酒醋

1杯干红酒

1束香草

做法：

1.处理兔肉，用盐和胡椒粉调味。

2.用中高火在荷兰锅或耐火砂锅里加热鹅油或鸭油，加入洋葱和胡萝卜，煎炒大约10分钟，不时搅拌，至洋葱成淡棕黄色。加入大蒜和红葱，煎炒3至4分钟，全面过油，呈淡金黄色。把兔子放在蔬菜上，倒上醋和酒。加入香草，盖盖，在烤箱里炖煮2.5至3个小时，至兔肉非常软嫩。

3.取出兔肉，保温。把荷兰锅或砂锅放在中火之上，把汤汁再次煮开。把兔肝和兔心剁得细碎加入汤汁。继续炖煮大约10分钟，至汤汁变稠出味。把兔肉切成块，放回汤汁重新加热。

4.兔肉和汤汁一起食用。

图书在版编目（CIP）数据

大蒜之书：探索你熟知却不真正了解的大蒜 / (美)罗宾・彻丽 (Robin Cherry) 著；徐志军译. -- 北京：华夏出版社，2017.8

书名原文: Garlic, an Edible Biography: The History, Politics, and Mythology behind the World' s Most Pungent Food--with over 75 Recipes

ISBN 978-7-5080-9241-6

Ⅰ. ①大… Ⅱ. ①罗… ②徐… Ⅲ. ①大蒜－基本知识②大蒜－菜谱 Ⅳ. ①S633.4 ②TS972.12

中国版本图书馆CIP数据核字（2017）第164718号

Published in agreement with The Park Literary Group LLC, through The Grayhawk Agency

大蒜之书：探索你熟知却不真正了解的大蒜

作　　者　[美]罗宾・彻丽
译　　者　徐志军
责任编辑　王占刚　王秋实

出版发行　华夏出版社
经　　销　新华书店
印　　刷　三河市少明印务有限公司
装　　订　三河市少明印务有限公司
版　　次　2017年8月北京第1版　2017年8月北京第1次印刷
开　　本　720×1030　1/16
印　　张　13.25
字　　数　150千字
定　　价　39.00元

华夏出版社　网址:www.hxph.com.cn 地址：北京市东直门外香河园北里4号 邮编：100028
若发现本版图书有印装质量问题，请与我社营销中心联系调换。电话：（010）64663331（转）